アポロ計画の秘密

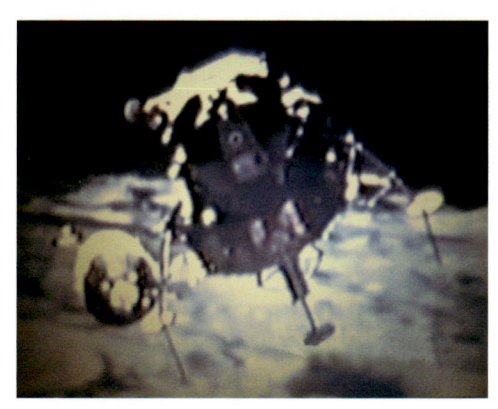

ウィリアム・ブライアン 著

韮澤 潤一郎 監修

正岡 等 訳

たま出版

MOONGATE

by

William L. Brian II

Original Copyright 1982 in U.S.A

Future Science Research Publishing Co.

Published 2009 in Japan

by TAMA Publishing Co.Ltd.

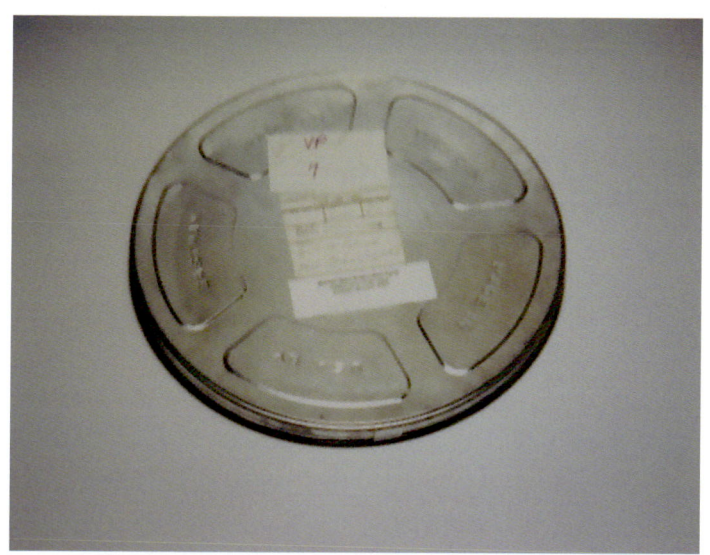

1、ジョンソン・スペースセンターに保存されていた、アポロ14号のオリジナル・フィルムのケース（監修者解説参照）

2、同上のケースのふたを開けたところ

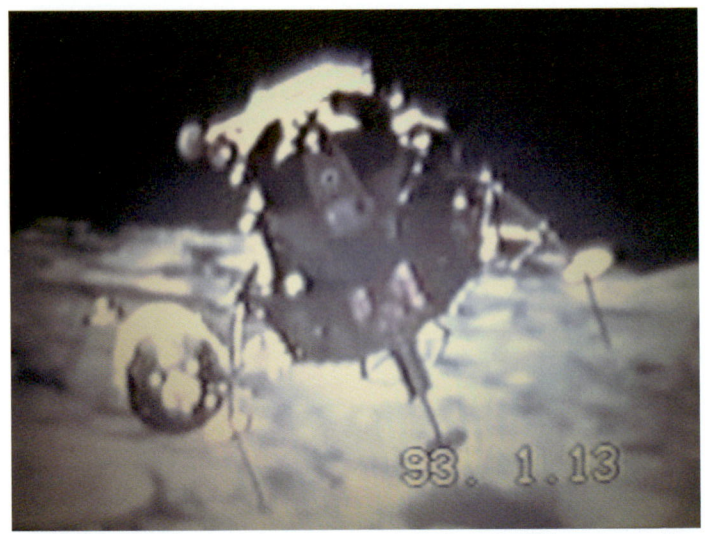

3、アポロ14号のオリジナル・フィルムに入っていた月着陸船（中央）と司令船（左下）。これを撮影しているカメラはどこにあったのか！（日付は原映像を再録した年月日：監修者解説および第10章参照）

4、下方に見える月面に対し着陸船がさかさまになっている。カメラは司令船（左上）からも着陸船からも離れたところにある

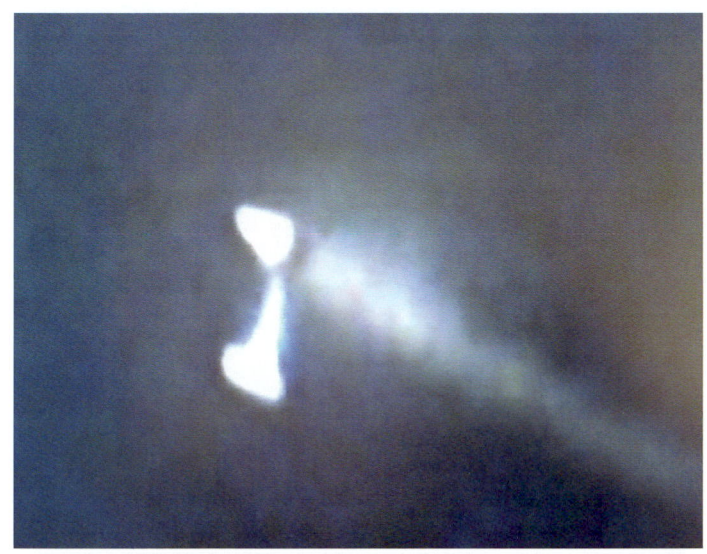

5、ポラリス核弾頭（上の三角形）にビームを発射したUFO（下）（監修者解説および第9章参照）

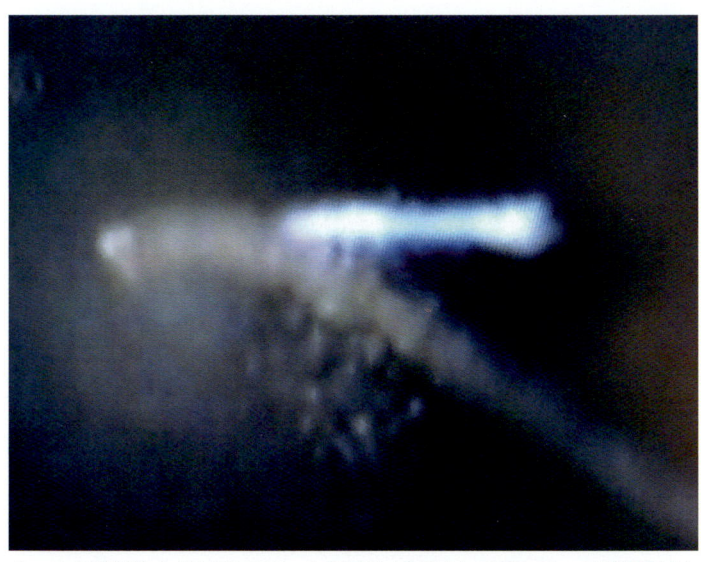

6、右に回り込んだUFOのビームを受け、破壊されて落ちていく核弾頭（左）

7、月の重力が確定されて、軟着陸を果したサーベイヤー3号（1967年4月）。遠方にアポロ12号（1969年11月）の着陸船が見える。飛行士はBean（第3章）

8、アポロ16号ミッションで、月面をジャンプするYoung飛行士。これで地球上の6倍も跳躍しているといえるだろうか（第5章）

9、アポロ12号のALSEP（実験用器材のセット）を運ぶBean飛行士。月面では14キログラムの器材なのに、太い棒がたわんでいる（第5章）

10、ほこりを巻き上げて月面を走り回るローバー。本来なら月の弱い重力では転倒する動きをした（第5章）

11、アポロ 11 号ミッションで、太陽風組成観測装置を据付ける Aldrin。このときの通信会話には「そのアルミシートが、風で支柱に絡み付いた…」とある！（第7章）

12、アポロ 14 号で、国旗を立てるセレモニーをしていたとき、旗が風でめくれ上がり、カメラのレンズを手でふさごうとした（第7章）

13、アポロ14号から伸びるローバーのわだちが太陽光を反射し、光の拡散を示している(NASA、71-HC-277)(第7章)

14、アポロ12号のBean飛行士を取り巻くようなハロー(円光)が見える。これも大気による光の拡散ではないか(NASA、69-HC-1347)(第7章)

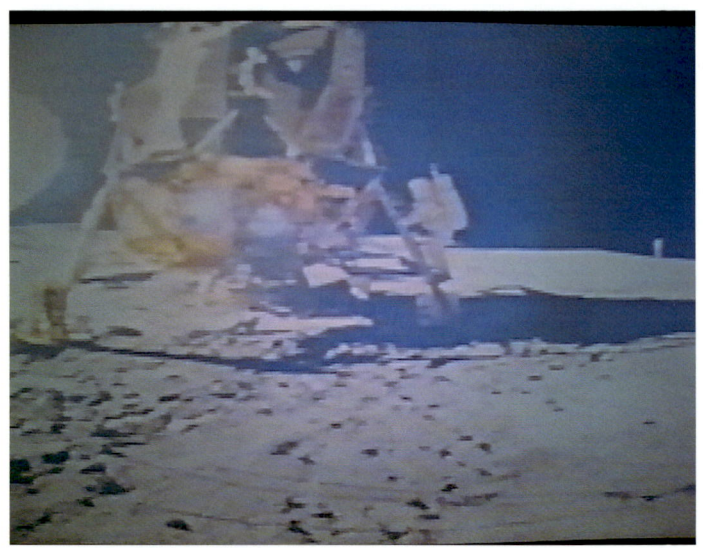

15、アポロ14号で、着陸船のはしごを降りるMitchell飛行士。このときの空は青く、影の中にいる宇宙服も白色である（第7章）

16、アポロ10号が月周回中に撮影した月の地平線。地球と同じ青い大気層が写っている（第7章）

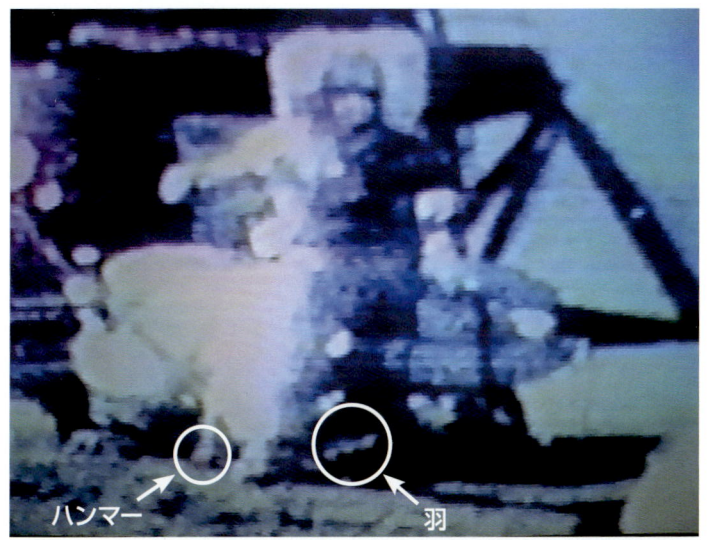

17、アポロ15号で行なわれた、ガリレオの真空実験。なぜか非常に荒い画像だったが、ハンマーと羽は同時に落下した。羽は鉄のように重くしてあったのか？（第7章）

18、アポロ15号が着陸したHadley谷先端部。水が蛇行して形成された乾いた峡谷と似ている（第8章）

19、アメリカ、ワシントン州東部の山並。Hadley 谷のまわりの山と同じ、風化によるなだらかな地形である（第8章）

20、アポロ15号が着陸した近くのHadley谷（下部中央）は、川の流れによってできた地形を示している（第8章）

21、アポロ17号で、なだらかな丘陵を背景にして、割れた岩の横に立つSchmitt飛行士（第8章）

22、ルナ・オービター4号によって撮影された写真。乾いた川床のあるAlpine谷が中央を横切っている（第8章）

23、アポロ17号の月面離陸上昇時。排出ガスの形跡がまったくないのはなぜか（第10章）

24、アポロ16号の月面離陸。排出ガスの噴出というより、爆発に見える（NASA、72-HC-274）（第10章）

25、前の写真の直後。ロケット・ノズルからの排出ガスの目に見える流れが認められない。ジェット噴射以外の動力が使われたのではないか（72-HC-273）（第10章）

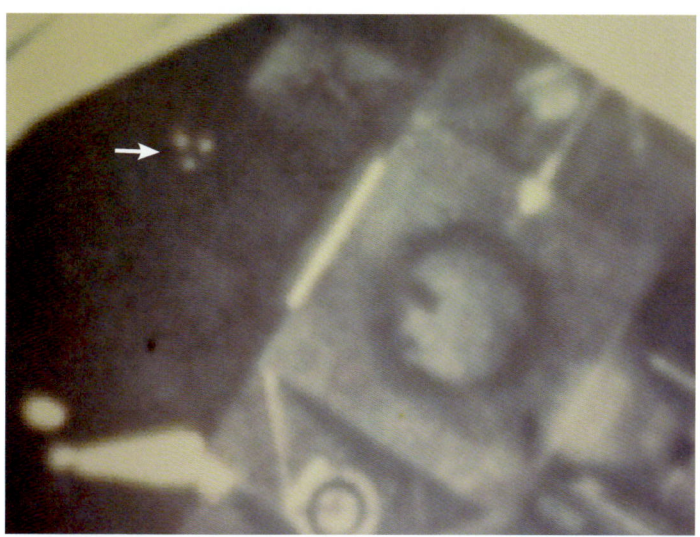

26、アポロ17号で、最後の着陸船切離しのとき、アダムスキー型UFO底にある3光点（矢印）が司令船の窓の上中央より左下へ回転しながら通り過ぎた（監修者解説および第9章参照）

監修者解説

宇宙開発の謎

韮澤潤一郎

　年末恒例になった「ビートたけしの超常現象スペシャル」において、もう10年以上も大槻義彦さんとUFOや超能力現象に関して激論を戦わせてきました。
　そして2007年の夏、この番組のバトル対決がテレビコマーシャルに使われるということでその撮影に入ったころ、打ち合わせの控え室で、大槻さんが「アポロ宇宙船が月から持ってきた石が、どうもおかしい…」というようなことを言い出しました。

　この問題は、2008年末のスペシャル番組で表面化し、爆発しました。
　というのは、もともと台本になかったことが、とつぜん収録の流れから、「大槻さんが肯定派の立場になるのではないか」と詰め寄られ、その発言が明白になってしまったからです。
　それは、大阪万博の名物ともなった「月の石」が、地球の石と同じものだという主張なのです。その石は、アメリカのアポロ宇宙船が月から持ち帰り、記念として日本に寄贈されたものでした。

　では、なぜ月の石ではなく、地球の石かといいますと、真空中に何億年も置かれていたものならば、宇宙からの放射線の痕跡であるトラックが見つかるはずなのに、それがないからだと、大槻さんは言うわけです。現在、大学の名誉教授にある立場で、その辺の研究

状況に精通しており、そういう事実にもとづいた発言でした。

それでは、アメリカがウソの石を日本に渡したのではないか、あるいは、アポロ宇宙船は月には行っていないのではないか、ということで、議論が盛り上がりましたが、なかなかそうは簡単に結論が出るものではありません。

ただ、既存の理論に合わない事実を、月に関する唯一の物的証拠であるその石がはらんでいたということは確かでしょう。

そして、その石の研究に携わった何人もの日本の科学者が、結論を出せず、いつのまにか埋もれていったといわれますが、その理由が本書のテーマのひとつともなっています。

つまり、地球よりは薄いにしても、月には大気が存在しており、月面には宇宙線が届いていなかったのではないかということです。その理由は、月はこれまでニュートン力学で導かれていたような地球の6分の1の重力ではなく、それよりずっと強く、それで大気を引きとめているからだ、ということになります。

いずれにしても、月や惑星探査などの宇宙開発には、多くの謎が存在しているのです。

NASA 資料映像の謎

次に紹介する映像は、最近発見したもので、これも、実に説明しがたい意味を持っています。

話は16年ほど前の1993年初旬にさかのぼります。UFO 研究などで著名なコンノ氏とアメリカからの帰国直後に会う機会があり、そ

監修者解説　宇宙開発の謎

のとき、コンノ氏からヒューストンにあるジョンソン・スペース・センターに保存されていたアポロの記録映像を見てきたという、興味深い話を聞きました。

そのとき何枚かの写真類をもらったのですが、ムービーの映像を検証したのは最近になってからでした。

幸運なことに、コンノ氏は、このときヒューストンのラボで16ミリ映画のフィルムが（ビデオ化されたものを）映写されている間、その一部を自分のムービーカメラで撮影して日本に持ち帰っていました。

また、保存されていたフィルムのケースと、そこに貼られていたラベルやリールを接写した写真（**口絵写真1、2**）もあり、それを見れば、そのとき見たフィルムが、アポロ宇宙船に搭載された、れっきとしたNASAの原版であることが明白です。

参考のため、フィルムのパッケージに貼られたラベルに書かれているシリアルナンバーなどを以下に記しておきます。

ケースは二つあり、全体では1時間ほどにもなる量の映像です。

一つめのケースのラベル————

THIS CAN MADE IN U. S. A. EASTMAN CODAK CO.
VP 7 BOX 23
FILM CAN LABEL
FILM SIZE 16MM : 691
COLOR OPTICAL MASTER
Apollo 14 Onboard

MAGS-EE, GG, F, X, EJI
National Space Science Data Center
Goddard Space Flight Center
Greenbelt Maryland 20771

二つ目のケースのラベル————

VP 8 75-103 Box 23
AS14
16mm
Optical Master
MAGS-F, AB, AA, CC, FF, EE, GG, L, C
For Optical

　以上から、このフィルムがアポロ14号のカラー原版であることが確認されます。

　映像は、打ち上げから地球や月の上空写真まで一通りのシーンがあるほか、宇宙空間での宇宙ホタルや不可解な光体などがありました。コンノ氏は、UFO研究の立場から、それら光体のカットについて注目していたようです。そして、最近になって、私は改めて日本に持ち帰った部分の映像について再検討させてもらいました。

　写っている光体の正体は、それがUFOなのか、宇宙ホタルなのか、あるいはアポロ宇宙船自身から排出された液体なのかは判別し難く、断定することはできませんでした。しかし、それ以外にとんでもない映像が含まれていることに私は気づいたのです。

監修者解説　宇宙開発の謎

　それは、月面上空でアポロ指令船と着陸船が切り離され、まさにこれから月着陸が敢行されようとするシーンのところで、ある間隔を置いて指令船と着陸船が並んで飛行している情景を、約3分間にわたって撮影した、9カットほどの映像です。
　下方には、月面のクレーターや海がゆっくり移動しています。そして、指令船から着陸船を写していたり、逆に着陸船から指令船を写しているのですが、そのうちの2カットだけ、指令船と着陸船が同時に空間に浮いて月面上空を周回している様子があるわけです（**口絵写真3、4**）。
　それを写しているカメラは、いったいどこにあるのでしょうか。

　この映像からは、すでに2007年末の「ビートたけしの超常現象スペシャル」で公表したように、以下のような問題が浮かび上がってきます。
　撮影しているカメラの位置は、指令船からでもなく、着陸船からでもありません。両者から離れた宇宙空間にあるのです。

　いったいなぜ、アポロに搭載されていたというフィルムの中に、アポロ宇宙船から"離れた場所"から撮影された映像があるのでしょうか。
　明らかに、アポロ飛行士以外の第三者がこれを撮影していることになります。

　撮影しているポイントは、次の3ヶ所が考えられます。
　①　もう1機の地球製の宇宙船から
　②　地球外の宇宙船であるUFOから

③　スタジオのセットの中にあるカメラから

しかし、上記のいずれであっても、常識的にはありうべからざる場所であることには変わりません。

問題の2カットは、前後の月面映像とは違和感なくそこに紛れ込んでいます。真実のアポロ宇宙船からの映像に、なぜそのようなありえないものが入っているのでしょうか。

③だとするなら、他のすべての月面映像の信憑性が問われることになります。

②なら、宇宙人と地球人は交流していることになります。アポロ宇宙船の多くがUFOと遭遇していたということが、本書にも記されています。

①だとすると、これから紹介する第二のテーマである「地球製の宇宙艦隊」が真実味を帯びてきます。

いずれにしても、このような矛盾に満ちた映像は今まで公表されたことがありません。注意深く、一般には流出しないように隠されてきたものに違いないのでしょうが、偶然、日本からNASAのラボを訪問した研究家に見せるとき、うっかり除外し忘れて見せてしまったのでしょう。

日本に持ち帰った映像には、コンノ氏が質問する日本語と通訳の言葉、それに答える担当官の英語が入っています。しかし、この3分間は沈黙が流れており、まるで、担当官が「まずいものを見せちゃったな…」と、心の中でつぶやいているかのようです。

このアポロ14号に乗っていた宇宙飛行士の一人が、エドガー・ミッチェルでした。

　その彼が、最近、「アメリカ政府は、UFOと宇宙人に関し、過去60年間、その真実を隠蔽してきた」と発言し、世界的なニュースになりました。

　これまでの科学的常識、つまりニュートン力学や光速限界説からいえば、宇宙人がUFOに乗って地球にやってくる確率は非常に少なく、まずありえない、ということになりますが、どうも実際はそうではなさそうです。

　宇宙にまつわる真実には、隠されていることがあったと、ミッチェル氏は言っているわけです。

　ちなみに、弊社既刊「あなたの学んだ太陽系情報は間違っている」から、1枚の写真（**口絵写真26**）を掲載しました。これは、アポロ17号が月の衛星軌道を離れる直前、着陸船と指令船が切離しに入ろうとするとき、背後を通過するアダムスキー型UFOの1カットです。ムービー映像では、UFO底部にある特有の3個の球がくるくる回転しながら指令船の窓を横切っていきます。

　本書で提起している宇宙開発データの矛盾も、UFOの存在と並んで、そうした隠蔽されてきたことの一部なのかもしれません。

　おそらく、宇宙開発によって分かってきた事柄の中には、そのような科学的な常識が崩れるような事実があるため、アカデミズムの位置づけが揺らぐようなことを安易に発表できなかったのでしょう。

NASAは不都合な写真を修正して発表していた――――

　もうひとつ、宇宙開発情報に関し、アメリカ発の驚くべきニュースがありました。

　それは、2001年5月に、軍や情報機関、あるいはNASA関係者から、そのような隠蔽されてきたことの暴露証言を調査していたアメリカの民間団体CSETI（地球外知的生命体研究センター）が、ワシントンのナショナル・プレス・クラブで、20人ほどの証言者を立てて記者会見をしたときのことです。

　その中に、コンノ氏が訪ねた場所と同じジョンソン・スペース・センターの8階で、1981年までの約14年間、NASAの広報写真を担当していたドナ・ハーレイという女性がいて、「UFOが写っていて機密扱いされた写真を、エアブラシでその部分を消してから市販にまわすように指示されたことがあった」と証言したのです。

　この記者会見のニュースは、その後、思わぬ展開を生むことになります。

　その暴露記者会見の内容を知ったゲイリー・マッキノンという英国の青年が、2002年に、そのようなUFOが写っている、隠された宇宙開発の写真を見ようとして、アメリカのNASAや軍のコンピューターに忍び込んだのでした。いわゆるコンピューター・ハッカーです。そして、そこにあった写真を見ることに成功してしまったのです。

　彼が見たのは、地球上空に浮かぶ、ドームが付いた葉巻型の宇宙船で、そこにはリベットやつなぎ目のない完璧な表面の宇宙船が写

っていたといいます。ほかにも、地球外の宇宙基地や艦隊のリスト、また多くの搭乗者名簿もあったそうです。つまり、一般には知られていない地球製の宇宙艦隊が存在していたということになります。

これは、以前、『第三の選択』(たま出版) などで噂された、「第二の宇宙開発」の存在を暗示させるかの内容です。

しかしこのとき、彼のハッキングが見つかり、米司法省から英国に対し、国家ハイテク犯罪として身柄引き渡し要求が出されました。この件は、現在も弁護側がヨーロッパ人権擁護法などを引き合いにして訴訟中のようです。

もし、マッキノン青年が見たものが事実だということになると、本書で検証しているように、宇宙開発の背後で反重力理論が実用化されていることの証拠になると思われます。

1947年にロズウェルに墜落したUFOのテクノロジーが、民間の半導体などに転用されたという暴露証言が国防総省 (ペンタゴン) の当時の職員によってなされているように、すでにアポロ以前にUFOの動力である反重力のテクノロジーが使用され、密かにそれを使った知られざる大規模な宇宙開発が進んでいたということになるわけです。

地球外宇宙船としてのUFO、宇宙人と地球当局との関係、これらは「人類の歴史で最も重要な問題」であるとする研究家や政治関係者もいます。

UFOは核弾頭ミサイルを破壊した

 戦後、UFOが話題になりだした理由として、われわれ人類が核に手を出したためではないか、つまり原子爆弾の使用が宇宙からの関心を呼んだという意見がありました。
 この見方は本書でも散見され、アポロミッションも彼らによって観察されていた可能性があります。

 事実、デスクロージャーといわれる情報公開において、軍のミサイル基地や核弾頭テストの際にUFOが出現し、その機能を無能にしたり破壊したという関係者の発言が多数存在しています。
 その典型的事件が、アメリカ海軍の潜水艦発射弾道ミサイル・ポラリス実験の際に発生していることが、最近判明しました。

 事件が起きたのは、1961年1月10日で、場所はケープ・カナヴェラルでした。
 事件の数日後に、戦略航空第一師団の空軍少佐執務室でその映像を見せられた米空軍副官が証言している内容によると、「弾頭の場面が現れ、それが前進していたとき、第三段燃料消尽の炎の中に、何か他のものが入ってきた。それは炎の中へ飛んできて、弾頭に光のビームを発射した……」
 この映像はすでにネットでも出ているようですが、入手したムービーから2カット（**口絵写真5、6**）を紹介しました。
 写真5は、三角の弾頭先端部が右下から左上に燃焼痕を残しながら上昇しているところを、下から白い楕円物体がビームを弾頭に発射したところです。

写真6は、右側に回りこんで追跡するUFOから左にビームが発射され、弾頭が破壊されてバラバラになっており、状況は証言者の表現と一致しています。

この事件を証言した空軍副官は、その後得体の知れない嫌がらせや脅迫を受けたということですが、当局によるこうした隠蔽圧力は、本書でも言及されています。

宇宙人は平和目的で来ている────

これら核兵器に対するUFOの牽制について、以前から指摘していた研究者の中には、「UFOは何度か、地球の核戦争の危機を回避させてきた」と発言している人もいます。

過去60年間、UFOが隠蔽されてきたと証言した、前述のアポロ宇宙飛行士エドガー・ミッチェルは、「彼らは平和目的で来ている」とも述べています。「もし彼らが敵対的なら、人類はいま地球に残っていないはずだ」というのです。

宇宙は広いので、何があるか分かりませんが、ミッチェルの言葉は一理あります。

最後に、監修に当たって、留意した点を記しておきます。

本書は、科学的データにもとづいて書かれているため、多くの出典が引用され、その数値が旧単位であり、また固有名詞は英語読みなので、それらを換算値やカタカナで表してもかえって混乱すると判断し、必要な場合以外、ほとんどそのままアルファベットの横組み表記としたことです。この点をご理解願います。

また、30年ほど前に書かれた著者のテーマは、多くの仮説に基づいて展開されている部分があり、現在の読者が理解しやすいように、いまだ解明されない謎の部分に絞り、取り上げました。それらは、アポロ月着陸から40年経った現在でも、謎として提起しうるものだと考えます。

　すでに日本も、月周回機「かぐや」を実現しているわけですし、これからは月に降りてさらに探査が進められるでしょうから、その月世界に対して理解を深めるきっかけにもなるかもしれないと考えます。そのときには、この本に書かれている謎がすっきり解明されていることを願うばかりです。

目　次

監修者解説　宇宙開発の謎　　　　韮澤潤一郎　1
  NASA 資料映像の謎
  NASA は不都合な写真を修正して発表していた
  UFO は核弾頭ミサイルを破壊した
  宇宙人は平和目的で来ている

序文　17

第1章　宇宙開発データの行方　19
  東西に流出したナチスのロケット技術者たち
  軍事としてのロケット開発は秘密のヴェールに包まれた
  民間の計画も軍事と切り離せなかった
  宇宙における軍事的危険性

第2章　探査機以前の月の重力理論　29
  ニュートン力学における天体の重力
  算定された重力値は正しかったのか
  月飛行によって数値が変更された

第3章　月と地球間の重力平衡点の変更　37
  月に接近できるまで5年以上の空白期があった
  月の重力はアポロ時代直前に確定された
  月の真の重力は隠蔽されたのか

第4章　宇宙船の速度、飛行時間、燃料の矛盾　51
  改定された数値から想定されること
  孫衛星は想定される速度で回っていない
  想定される数値では月から帰還できない

第5章　月面での宇宙飛行士の体験　*65*

    月面で予想された弱重力現象は起きなかった
    宇宙飛行士たちの会話は制限された
    月面作業は予想以上に重労働だった
    宇宙服の動きにくさは重力隠蔽の偽装か
    実証された月面歩行の困難さ
    歩行の重労働は月面車で回避された
    なぜ月面歩行映像はスローモーションなのか
    ローバーはなぜそんなに重く見えたか
    軽い重力では危険なローバーの安定性
    月面での"グランプリレース"は大事故だったはず
    重力に関する会話は禁止だった

第6章　宇宙計画以前の、月の大気の理論　*89*

    月面が真空なら、チリは存在しない
    風化作用がない月面は、切り立った山しかない
    真空中では光の散乱は起きない

第7章　月の大気に関する信じ難い発見　*97*

    月面はチリだらけだった
    アルミ箔は風で支柱に巻き付いた
    月の空は意外に明るい
    霧や雲の観測歴の存在
    月のふちで見られる星や太陽光の揺らぎ
    月面を横切る光点は流星なのか
    月には水が存在する
    磁場は大気によって影響される
    真空中では星は見えない

月面で重力実験した鳥の羽は重かった

第8章　月の地質と構造　*121*
　　　月に対する宇宙からの知的介入
　　　なぜ水の存在を示す地形があるのか
　　　水はどこに消えたのか
　　　地殻質量のムラは隕石では説明できない
　　　発見されたガラス物質の謎
　　　得られた情報は重力理論の見直しを迫る

第9章　宇宙開発に対する地球外の干渉　*137*
　　　地球は宇宙から注意深く観察されている
　　　宇宙飛行士たちのUFO遭遇体験
　　　人類初の月着陸には異星人が待っていた
　　　UFO出現に伴う電磁的障害
　　　多発した無線機の異常

第10章　宇宙計画の未来像　*151*
　　　月面離陸時に見えないロケット噴射
　　　別の動力源を使用した可能性
　　　回収した墜落UFOからのテクノロジー
　　　ロケットだけでは月に離着陸できない

訳者あとがき　*161*

付録（A－F）　*164*

出典　*178*

序　文

　本書は、公式の政府刊行物、NASA の写真と映画、ニュース記事、そして各分野の文献を含む、公開された情報源から引き出されたノンフィクションの報告である。
　この本のアイディアは、宇宙計画の活動と調査結果に矛盾を見つけた人々の観察から生まれた。

　隠蔽が行われたことを検証するために、広範囲の証拠捜しが行われ、その証拠類の量は、最初の予想をはるかに越えて、実際の宇宙計画について驚くべき結論を導くことになった。

　科学的観点からその隠蔽を検証するために、宇宙計画の多くの面が数学的、かつ概念的に分析されている。
　この本は、付録に含まれた数学的計算によって、一般向けにも、そして科学者用にも書かれている。また、カラー写真と脚注付きの引用を含んでいる。

　隠蔽の詳細について確固たる事実がない場合でも、証拠によってその主張が真実であり、またアポロの月面着陸が部分的に行われたことを示している。

　月着陸が実際に行われたことは、間違いない。
　しかし、アポロのミッションと、それに関わる発見を取り巻いている本当の出来事は、大衆から注意深く隠されている。

　　　　　　　　　　　　　　　　　　　　ウィリアム・ブライアン

第1章

宇宙開発データの行方

　月に人間を送り込むというNASAの宇宙計画は、一般に公開されたかぎりでは文民活動だったが、実情は、軍がその支配権をほとんど完全に掌握し、NASA（米国航空宇宙局）が発見した事柄の多くは一般市民には公表されなかった。

　その理由は、軍が宇宙計画とNASAの創設に関わっていたからで、その経緯について、ロケット開発の歴史と初期の人工衛星の取り組みから再検討してみたい。

東西に流出したナチスのロケット技術者たち────

　ナチス・ドイツはV2号ロケットを開発し、第2次大戦の末期にかけて、それをイギリスに対して使用し、ある程度の成果を収めた。

　米国は、フォン・ブラウンを含むロケット開発に携わった大多数のドイツ人科学技術者とドイツのロケット兵器を獲得した。

　ソビエトもドイツのロケット開発職員をどうにか手に入れ、その技術開発に打ち込み、成果を収めた。

　戦後、超大国による核戦争の脅威と"冷戦"が到来し、ロケットは核爆弾を数千マイル（1 mile=1.609km）離れた戦略目標へ運ぶ

ために、非常に精巧なレベルにまで開発された。概して、壊滅的破壊という脅しは研究開発に多額の資金を費やす最大の理由となり、ロケットもその例外ではなかった。

接収されたナチス・ドイツのロケット情報には、地球の衛星や多段式ロケットの計画が含まれていた。もし戦争が続いていれば、その多段式ロケットは、いずれはヨーロッパから北アメリカへ発射されていたかもしれず、これは将来の戦闘を再考させることとなり、もっと優れたロケットを開発する動機となった。

しかし当初、米国はロケット研究に真剣ではなかった。
それが変わったのは、1952年に水素爆弾が開発され、さらにソビエトのロケットやミサイル開発が進展していることに気づいてからである。おそらく、後者の発見が、ICBM（大陸間弾道ミサイル）の重要性について米国政府の姿勢を変更させたと思われる。

ソビエトが1953年に水爆実験を行うと、翌年、米国はICBMの開発を優先させる政策を国家安全保障会議によって承認した。
そのときすでにソビエトは、重い水爆を運ぶための特大のロケットを計画しており、それが軽めの水爆には余分の能力があったので、ソビエトの科学者たちは、おそらく衛星を軌道に打ち上げるためにそれを使うことを提案したのである。

米国は、ソビエトの人工衛星のアイディアを予想していた。
それは、1946年に陸軍航空部隊が、プロジェクト・ランド（Rand）と呼ばれる衛星の研究を、ダグラス・エアクラフト社が管理する顧問グループを通じて行っていたからである。

第1章 宇宙開発データの行方

　彼らの報告書は、「地球を周回する試験的宇宙船の予備的構想」と題されている。その報告書には、技術的可能性、兵器としての政治的、心理的効果、そして監視や通信装置としての用途、また米国の技術的優位についての考察が含まれていた。

　ナチス・ドイツはそれをすでに考えついていたので、アメリカのランド・リポートとソビエトのプランは独自のものであるとは言えない。現実には、米国とソ連は単に軍事的な優越を実現するためにドイツのプランを拡張しただけである。

　独自のミサイル研究を行っていた米国の海軍と陸軍航空部隊は、1947年に第2次ランド計画を公開し、衛星を軌道に乗せるため、三段式ロケットの詳細な設計を発表した。しかし、誘導や飛行の制御、軌道上の姿勢制御、地上と宇宙間の通信、そして補助電源などといったさらなる技術分野が必要であることを指摘していた。
　根本的には、小型コンピューターと太陽エネルギーによる電源の必要性があったが、それらは当時、まだ実用化されていなかった。

軍事としてのロケット開発は秘密のヴェールに包まれた────

　この年、国防長官が内閣に加えられ、研究開発委員会（RDB）が国防総省の下に設置された。しかし、長距離ミサイルの開発と配備を陸、海、空軍のどこに任せるかの決定は先送りされ、翌年、海軍はその衛星の研究活動を継続したが、空軍はそれを中止してしまった。
　衛星計画の最初の公式発表は、この時の国防長官報告書に含まれている。

1964年に書かれた *The History of Rocket Technology* の中で、Cargill Hall は次のように記している。

> フォレスタル国防長官による米国衛星計画についての暗に含んだ言い回しのこの初期の発表は、1949年の米国で衛星計画に従事している人々の間に大きな驚きをもたらした。そしてその後、誰がその秘密主義を維持しようとしたのか …。
> この出来事以後約5年間、アメリカの宇宙開発に関する公式の報告書は作成されなかった。1954年11月になって、国防総省は、ぶっきらぼうな二つの文章で、地球周回衛星ロケット計画に沿って研究を継続していることを報告した。
> その声明は、国防長官チャールズ・ウイルソンによって承認され、記者会見の後で発表されたものだが、それまで彼はアメリカの衛星計画を知らなかった。[1]

国防総省は、1952年のミサイル計画に10億ドルの予算を立てた。それは、過去5年間の支出を足したものにほぼ匹敵する。これは、主に短距離ミサイル、地対地ミサイル、そして対空ミサイルに費やされた。

いっぽう陸軍は、後にアメリカの宇宙開発の父と評されたウェルナー・フォン・ブラウン博士の下で、もっと大型のミサイルに取り組んでいたものの、当時、陸軍の大砲及び誘導ミサイル開発グループの技術主任にすぎなかった博士が提唱していた7,000トンの衛星打ち上げ用ロケットには興味を示さなかった。そのため、米国の科学者たちは衛星計画を推進する文民の機関を手に入れようとしたと思われる。

第1章　宇宙開発データの行方

　四大国が宇宙開発宣言をした1954年から1955年にかけてソビエトが学術会議に参加したことによって、米国の科学者たちはソビエトが宇宙計画に活発に取り組んでいるという印象を持った。1955年、ホワイトハウスは科学観測用地球周回衛星のプランを承認したが、ほとんどの市民は、フォレスタル国防長官が1948年に米国の衛星計画を発表していたことを知らなかった。

　ソビエトの人類最初の人工衛星スプートニク1号は、1957年10月4日に打ち上げられ、その後から米国議会がようやく自国のミサイルや衛星の計画を調査しだした。スプートニク1号の"突然の"成功は、1946年のランド計画で予想されていたにもかかわらず、米国議会と大衆はこのテーマに関わろうとしなかった。
　これは、軍事活動の秘密主義、そして情報がなかなか大衆に伝わらない典型的な例である。

　アメリカはヴァンガード（Vanguard）計画で、急きょ盛り上げるための広報活動とともに、1957年に最初のロケット打ち上げを強行しようとしていた。しかし不運にも、ヴァンガード1号は1957年12月6日、ケープ・カナベラルの発射台の上で爆発してしまった。
　だが、アラバマ州ハンツビルで、翌1958年1月31日、ようやくフォン・ブラウンと彼のチームがジュピターCロケットを使ってエクスプローラー1号（Explorer I）を軌道に乗せることに成功した。

　1958年10月1日、アイゼンハワー大統領の4月2日の議会演説の結果として、アメリカの宇宙開発事業を調整するために、NASAが創設された。

宇宙計画を拡大した理由の一つは、宇宙の軍事的可能性を最大限に活用するためであったが、とりあえずNASAは"文民の"宇宙科学及び探査計画を執行することになっていた。

　米ソの"ミサイル・ギャップ"についての米国議会の長期にわたる調査は、ソビエトに遅れをとらないことの重要性を議会に納得させるためのものであった。しかし、当時の政治家にとっては、国家の威信を高めるという点が、宇宙の軍事的可能性よりも魅力的なものに映った。そしてその一面が強調され、はずみとなって、高額な宇宙計画の資金繰りをする手段として働いた。

民間の計画も軍事と切り離せなかった────

　"文民の"宇宙計画は、実際にはそのプロジェクトの軍事的側面を強調せずに軍事応用技術を開発できるということで設定されたといえる。NASAのような擬似的な文民組織を維持することによって、公的な財政支援が得られ、その仕事がより効率的に達成された。

　国防総省（ペンタゴン）の関わりについて、Ralph Lappは、1961年に書かれた *Man and Space — The Next Decade* の中で次のように述べている。

　　国防総省は、人工衛星の分野に合法的な関わり合いを持っていた。通信と偵察の任務を行う周回衛星に対する軍の要請があった。…360,000ポンド（約160トン）の推力を持ったアトラスICBMの開発は、国防省にもっと重いペイロード（搭載物）を

第1章　宇宙開発データの行方

宇宙に打ち上げる可能性を与えた。…当然ながら、偵察衛星、あるいは"スパイ"衛星の計画は高いレベルの機密として扱われた。この事実は、非軍事用に使用されるかもしれないICBMに付随する軍の秘密政策とともに、米国の緊急の宇宙計画に複雑さを付け加えた。

平時における文民の宇宙開発は、もしその活動の詳細が全て公開されるなら、最も効果的に、そして効率的に行われるだろう。だが、不幸なことに、宇宙科学も正反対の側面を内包することになる。

ある点で、米国の新しい宇宙局は、軍の束縛を受けない、はっきりした分野を持つと思われた。ペンタゴンは、宇宙船、あるいはそれを推進させる巨大なロケットエンジンの必要性を理解しなかったし、非常に高い推力を持つロケットが、後に軍事目的に利用されることになったとしても、とりあえずは文民の宇宙計画にとって幸運な機会を提供することになった。[2]

軍が、NASAの絶頂期から現在に至るまで衛星とミサイルに取り組み続けてきたことに注目しなければならない。NASAは、次第に規模がわずか数分の一となり、いっぽう軍はかつてのように強力なままである。

軍の秘密のプロジェクトは密かに進行していくいっぽう、"文民の"研究開発情報やその宇宙計画は、開発されたものを利用するにとどまる。

極秘の軍事プロジェクトの資金は、他の公開されたプロジェクトによって容易にカムフラージュすることができる。秘密プロジェクトに必要な部品は、一度に一つずつ、さまざまな製造業者に注文さ

れ、ダミー、あるいはおとりのプロジェクトに請求される。部品は秘密裏に組み立てられ、製造業者は、その最終製品が何になるかを知ることはできない。

金のかかる、おとりのプロジェクトは、その財源を生み出し、非常に高度な秘密プロジェクトの技術を開発するために利用される。だから、一面として、NASA の人間を月に送り込む宇宙計画は、軍に、そのようなおとりのプロジェクトを提供することになった。

兵器の研究開発に関連する軍の秘密主義は、長い間存在していた。

こうした完全な秘密政策に対する政府の理論的な根拠は、敵に対する優位を確保することだという。そのために起きる弊害は、軍が行っていることについて、大衆が完全に無知なままに置かれることである。それによって多くの恐ろしい研究が、大衆の干渉を受けずに実施される可能性がある。

秘密主義は、生き残るために必要であると思われるが、大衆は何年も最新の研究報告や技術開発から置き去りにされる。秘密情報が最終的に公表されるとき、政府は常に、国民を保護するために完全な秘密政策が必要だった、ということを強調するのだ。

極秘の研究に参加している人たちを黙らせるために、秘密を守る法律が利用される。もしその法律が破られるなら、その違反者は、精神に異常があると判断されて精神病院に収容されたり、刑務所に送られたり、沈黙を強要されたり、あるいは他の説得が全て失敗した場合、おそらく不幸な事故に遭うこともあり得る。

私は誰とも守秘義務のある合意書に署名していないので、その心配はない。もし、すでに一般に公開された文献にあることを指摘しているだけなら、政府はその人を根も葉もない推測をしたことで訴

えるか、あるいは沈黙していることしかできない。

もし中傷合戦が起きるなら、それは当然のことである。政府は、この分野でたくさんの経験があり、実際にとてつもない財源と論争を仕立てる機関を持っているのである。

このようにして、軍が絶えずNASAの宇宙計画全体を支配し、情報の多くが高いレベルの機密となっていたのである。

大衆は、人間が月に着陸したということを納得させるために必要な情報だけを与えられていた。そのプロジェクトの細部と発見物の大部分は、注意深く隠されていたのだ。

宇宙における軍事的危険性

宇宙を軍事目的に利用したいと考えている人たちを分析することは興味深い。このうちの何人かは、疑いなく大量虐殺的な考え方を持っている。彼らは、人を殺すためのもっともっと優れた方法、すなわち、より効率的な方法を求めて、常に敵の戦略と兵器より優れたものを開発しようとしている。

彼らは、技術が確保され次第、月を軍事目的に利用するかもしれない。将来、他の惑星は軍の前哨基地になるだろう。最終的に、映画スター・ウォーズに見られるような、人工的な戦闘の拠点が築かれるかもしれない。しかし、もし宇宙に地球人よりも優れた、進化した知的生物が存在するなら、軍国主義者たちは、いずれ外宇宙で彼らのライバルに出会うことになるだろう。これはすでに起きた可能性がある。

この章の結びとして、NASAと軍部が宇宙計画の新発見を隠し

た、ということが示唆されるということを言っておきたい。

　もし隠蔽が完全に成功していたなら、この本は書かれなかっただろう。

　数千という人々が、何年もの間、宇宙計画の大規模プロジェクトに関わってきているのである。全くすきのないセキュリティというものはほとんど不可能に近いだろうし、また多くの人々は基本的に正直であり、沈黙を要求する圧力にもかかわらず、真実を話したがっている。

　次章では、重力について、1666年にアイザック・ニュートンによって示された基本法則を掘り下げている。この法則は、天体に適用されるとき、正しくなかったようなのだ。したがって、宇宙探査機によって月を調査した最初の試みは、予期せぬ結果をもたらしたのである。

第2章

探査機以前の月の重力理論

　従来の科学に従うと、月の表面重力は地球のわずか1／6である。
　アイザック・ニュートンは1666年に万有引力の法則を公式化し、その後、万有引力の法則としてこの結論が導かれた。
　この有名な法則は、ある物体の、他の物体に対する引力が、その二つの物体の質量の積に依存することを述べている。したがって、地球のような惑星は、ある力で他の物体を引き寄せている。
　また、この法則は、惑星からの距離が増大すると、その重力が減少することも述べている。つまり、ある物体が、地球あるいは月から遠くなればなるほど、それに働く引力も弱くなるということである。

　ニュートンは、光の強さが光源から離れるにつれ減少するのと同様に、重力が地球の表面から離れると減少することを発見した。光源から200フィート（1フィート＝0.3048m）離れたターゲットを照らす光の強さは、その距離が100フィートの場合を1として比較すると、1／4になる。同様に、その距離を300フィートに延ばすと、ターゲットが受ける光の強さは、100フィートの場合と比べてわずか1／9に減少する。この急激な減少は、逆二乗の法則にしたがっている。

ニュートン力学における天体の重力

　地球の表面付近では、物体は32.2［feet/second^2］の加速度で落下する。したがって、1秒後に物体の速度は32.2フィートに増加し、空気抵抗による限界に達するまで加速を続ける。

　観測者が地球の表面から遠ざかっていく場合、高度3,960マイル（1 mile＝1.609km）、あるいは地球の中心から地球の半径の2倍の地点では、引力はちょうど光の例のように、1／4に減少する。
　この高度では、物体の重さはその地表面での重さの1／4になる。したがって、体重200ポンド（1 pound＝0.454kg）の人はわずか50ポンドの重さになるだろう。さらに、観測者は地表面の1／4の引力、あるいは8［feet/second^2］で加速される。そして、彼が停止状態から始まって一定の距離を落下するには通常の2倍の時間がかかるだろう。

　地球の中心から地球半径の3倍の距離、あるいは地表面から7,920マイルまで移動すると、重力は地表面の値の1／9に減少する。体重200ポンドの人は、この時たったの22ポンドになり、3.6［feet/second^2］で落下していくだろう。

　観測者が月までの距離に達すると、地球が及ぼす力は地球の表面での値のわずか1/3,600になる。したがって、本来なら月は地球に向かって32.2/3,600［feet/second^2］で落下しているはずである。もし月が地球のまわりをゆっくり（約27日間に一回転）と回転していなければ、月はすぐに地球に衝突してしまうだろう。この軌道ある

第2章 探査機以前の月の重力理論

いは回転は、月を落下させないようにしている。

　人工衛星は、月と同じように地球の軌道を回っている。しかし、人工衛星は通常、月よりも地球にはるかに近いので、地球の引力がそれに対してより強く影響し、人工衛星が周回飛行を続けるためには、月よりもずっと速く飛行しなければならない。月は地球のまわりを時速約2,300マイルで動くが、地球の上空100マイルの衛星は、17,500［miles/hour］に近い速度で飛行しなければならない。

　ニュートンの重力の分析は、軌道を回る月や地球に落下する物体の観察から考え出されたため、同様な実験が月のような天体に対して行われるまで、その表面重力の正確な値は決定されなかった。
　ニュートンは、月の他の物体に対する引力を予想して、月の質量を決定することもできなかった。

　その質量は、後に、地球が、地球と月の共通の回転軸の周りでどのくらい動くかを観測することによって、地球の1/82であると計算された。次に、月の計算された質量と地球の予想された質量が月の表面重力を計算するために使用されたが、その結果は地球の1/6であった。月は地球よりもはるかに小さな天体なので、月の表面重力も同様に小さいと予想することは、科学者にとって不合理ではなかった。

算定された重力値は正しかったのか───

　宇宙船が、月の重力が優勢となる引力圏に入る地点は、平衡点と呼ばれている。そこは、地球の引力が月の引力と等しくなる領域で

ある。

月は地球よりも小さく、その表面重力もより小さいと思われるので、平衡点は月にかなり近いはずである。月の表面重力が地球の1/6であるとすると、その平衡点は地球と月の間の距離の約9/10にあると計算されるが、そうだとすると、月までの平均距離は約239,000マイルなので、平衡点は月の中心から23,900マイルにあることになる。

図はその平衡点を描いている。

この平衡点までの距離が、何年もの間、宇宙飛行学の科学技術者たちによって繰り返し計算されたことを示すために、ここでいくつかのデータを取り上げてみよう。

月と地球間に算定された平衡点の位置

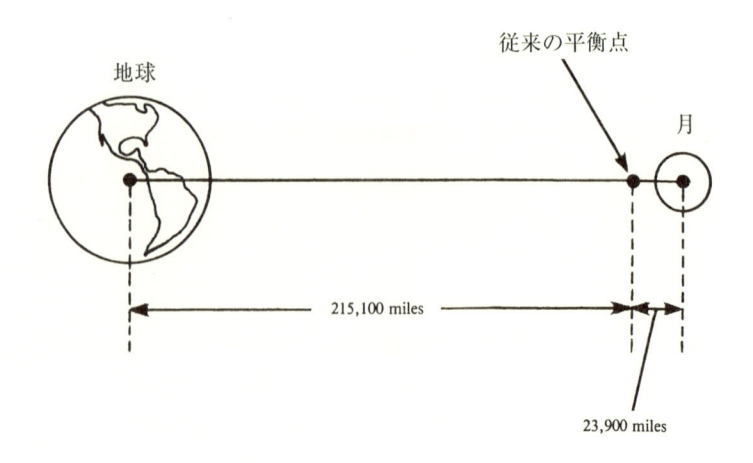

地球 — 215,100 miles — 従来の平衡点 — 月
23,900 miles

第 2 章　探査機以前の月の重力理論

　1965年に書かれた *Principles of Astronautics* の中で、英国惑星協会の会員 M. Vertregt は、次のように平衡点の位置を割り出した。

　　地球から346,000km（215,000マイル）、そして月から38,000km（23,600マイル）離れた地点、その平衡点Nと呼ばれる地点では、地球の及ぼす引力は、月の及ぼす引力に等しい。[1]

　1966年、天文学者 Franklyn M. Branley によって書かれた *Exploration of the Moon* では、平衡点は月から20,000マイル、あるいは地球から220,000マイルとなっている。[2]

　また、1969年の *U.S. News & World Report* に書かれた "U.S. on the Moon" では、その平衡点までの距離は月の表面から22,000マイルとして示されている。[3]

　1965年に書かれた *Mathematics of Space Exploration* の中で、Myrl H. Ahrendt は、ニュートンの重力法則と地球の質量の 1/83 として示された月の質量を使って、その平衡点を計算した。
　彼の結論では、月から地球までの距離を239,000マイルとすると、その平衡点は月から約23,900マイルで、ほぼ正確に月までの距離の 9/10 の地点にある。[4]

　それでも、23,800マイルという別の値も導かれた。1967年、John A. Eisele によるもので、彼は *Astrodynamics, Rockets, Satellites, and Space Travel* の中で、月までの距離を238,857マイルとして計算し、地球の月に対する質量比を81.56と仮定した。[5]

1961年版 *Collier's Encyclopedia* の"宇宙旅行"という項目の中では、次のように記されている。

> …その二つの引力の等しい点が現れるに違いないし、そこでは二つの力が釣り合っている。その位置は、月の表面から約23,500マイルである。[6]

エンサイクロペディア・ブリタニカ（大英百科事典）の1960年版は、"惑星探査"という項目の中で次のように記している。

> …いわゆる地球と月の間の平衡点。ここは、地球対月の中心線上にある架空の駅（月から月の半径の約19倍）であり、そこを越えると、月の引力が地球の引力よりも強くなる。[7]

月の半径の19倍は、20,520マイルである。

これらの数値には、ちょっとした違いが存在している。その理由は、地球と月の間の距離、そして地球対月の質量比のわずかな違いに起因している。

この平衡点までの距離が、地球から月までの距離によってどのくらい変化するかの分析結果は、以下に示されている。これは、地球の中心から月の中心までの距離を想定している。

総距離 （マイル）	地球 — 平衡点 （マイル）	月 — 平衡点 （マイル）
252,710	227,517	25,193
238,885	215,070	23,815
221,463	199,385	22,078

第2章　探査機以前の月の重力理論

　どのケースでも、月の表面重力が地球の1/6であるという想定によって、月の中心から平衡点までの距離の範囲が22,078マイルと25,193マイルの間にある。非常に多くの人々と団体が近い範囲の中で平衡点の距離を述べているので、平衡点がどこにあるかについては疑問の余地はないと思われる。技術的な関心を持った読者に対して、平衡点までの距離の誘導が付録A（巻末）に示してある。

　読者は、上記の平衡点の距離が、ニュートンの万有引力の法則に基づいていることに気づいておられるだろう。加えて、これに言及した科学者達のほとんどは、平衡点の実際の位置についての新発見を知らなかったと考えられる。

月飛行によって数値が変更された────

　これまで述べたように、月の近辺にある物体の落下や周回運動を観測することによってのみ実際の平衡点までの距離が決定され、したがって月の真の重力も決定される。

　最初の月の探査から1959年までは、NASAやソ連は上記の既存の情報を利用したかもしれない。そして、月探査機が1969年以前に月の周回と着陸に成功したとき、もしそれが発表されていたなら、実際の平衡点の距離を一般市民も入手し、月の表面重力を決定する正確な方法を知ることができただろう。

　実際は、平衡点までの距離は25,000マイルよりもずっと大きかったのである。

これによる影響については、これから論じたい。

先に示したように、重力が地球の表面からの距離によってどれくらい低下するかはすでに明らかにされている。

月も地球と同じ振る舞いをしているのだから、月の上空1,080マイル（月の中心から月の半径の２倍の距離）での月の引力は、月面での値の１／４になり、同様に、月の半径の３倍、月面上空2,160マイルでは、その引力は月面における値の１／９に減少するはずである。

この考え方を踏まえると、もし、**月の表面から平衡点までの距離が25,000マイルよりもかなり大きいのであれば、月の表面重力は、地球の表面重力の１／６よりもはるかに大きいことにる。そうなると、ニュートンの重力の法則が惑星規模の物体に対して通用しない**ことを示すことになる。

と同時に、NASAと軍部は、月の重力の真の性質についての情報を隠し続けている可能性も考えられるのである。

この平衡点の距離は、宇宙飛行士が月面に安全に着陸することになった場合、正確に決定される必要があった。しかし、これは実験によってのみ決定されることだったのだろう。これら既存の理論に反する新発見の歴史を、次の章で示したい。

第3章

月と地球間の重力平衡点の変更

　地球から打ち上げられた月探査機あるいは宇宙船は、地球の引力のために、それが平衡点に達するまで絶えず速度を失っていく。
　しかし、それが平衡点を通過した後は、今度は月の引力が次第に強くなり、宇宙船（探査機）は加速を始める。

　月の重力と平衡点までの距離を正確に測定する必要があることは、国際地球観測年（IGY：International Geophysical Year）のための合衆国委員会の委員長、Hugh Odishawによって指摘された。
　1958年、彼は「永続的な外宇宙の科学研究計画の基礎目標」[1]と題した報告書をＩＧＹの全加盟国に提出し、その中で、当時の月の質量についての見積もりが小惑星と地球の地軸の運動の観察に基づいていることを指摘した。
　そして、月の質量の誤差は0.3％であることが示されたが、実はこれは月ロケットの軌道に影響するほど大きな値だった。そこでOdishawは、月探査の初期段階で月の質量をより正確に把握することが望ましいと指摘した。これは、ロケットが月に接近したときにそれを追跡し、その軌道の各点で月の引力を導き出すことによって達成されるはずだった。

NASAとソビエトが平衡点の正確な位置を知っていたにしろ、彼らが月の探査を成功させるためにどれほど苦労したかについては、すでに読者は気付いておられるだろう。

もし平衡点、つまり月の引力がニュートンの万有引力の法則から導かれた値とかなりずれていたなら、月探査のミッションは失敗が続くことが予想される。つまり、月の重力の予想値に大きな差が発見されることによってプログラミングのやり直しやロケットの設計、探査機の設計などに余計な年月が必要になるのである。

その場合、人々が自分たちの思考方式を再調整するために必要な時間も大きく影響することになるだろう。

そうなると、国防総省の行動パターンでは、新しい発見が隠蔽されることも予想される。

これらの考えと、月から平衡点までの従来の考え方に留意して、月探査の歴史を再検討してみよう。

月に接近できるまで5年以上の空白期があった————

月は地球に最も近い天体である。そのため、最初の探査目標とされた。ソビエトは、1959年1月2日に打ち上げたルナ1号によって月探査を成功させた最初の国である。ルナ1号は月面から4,660マイル以内を飛行し、情報を地球に送信した。

米国は1958年、ルナ1号の数ヶ月前にパイオニア1号、2号、そして3号を打ち上げたが、月面から37,300マイルのフライバイ（月の引力によるターン）を達成することはできなかった。

ルナ2号は1959年9月12日に打ち上げられ、月に命中した最初の

第3章　月と地球間の重力平衡点の変更

探査機となり、衝突前に信号を送り返した。ルナ3号は1959年10月4日に打ち上げられ、月から4,372マイル以内に接近し、背後に回り込んで月の裏側の写真を送り返した。

理由は分からないが、ソビエトの月探査計画は、ルナ3号のミッション後、4年間中断した。

ルナの飛行は、軌道と重力のデータを収集するために、レーダーによって全て追跡された。

すでに述べたように、月の近辺にある物体の軌道を利用してその表面重力を計算することが可能になり、それによって今度は平衡点を計算することが可能になった。

もし新たに発見された数値が予想されたものとずれていたなら、将来の月探査を再検討し、再構築するためにある程度の年月が必要になるだろう。月の重力が予想よりもかなり強いなら、軟着陸を実現するために、もっと大きなロケットと、より大量の燃料が要求されることになる。

ソビエトの宇宙計画に対する秘密主義は、広く知られていた。したがって、米国はソビエトの月探査によって得られた情報を利用することができなかった。

Ralph Lapp の著書 Man and Space — The Next Decade によれば、

> …ソビエトは自国のロケット計画に厳しい秘密政策を強制し、過去1度もロケット打ち上げの写真を公表していない。さらに、ソビエトの科学者たちがそのデータを科学界に提供することにも時間がかかった。[2]

加えて、パイオニア4号のフライバイ37,300マイルは、月の重力の真相を解明するには十分な距離ではなかったと考えられる。

　いずれにせよ、その後のレインジャーのミッションは、米国が月探査を達成することに多くの問題を抱えていることを示していた。
　初期のレインジャーは、着陸の衝撃に耐えるように設計された球形の容器の中に地震計を積んでいた。不運にも、1962年1月26日に打ち上げられたレインジャー3号は、その目標を完全に外れ、太陽の周回軌道に入った。
　レインジャー4号は4月23日に月に命中したが、有益な情報を何一つ送らなかった。
　レインジャー5号は10月18日に打ち上げられ、月を450マイルだけ外した。しかし、それは8時間以上追跡された。それ以後の打上げは1964年まで延期され、計画全体の見直しが行われた。

　地震計ユニットを積んで半硬着陸を行うことが難しいために、5号以降のレインジャーのミッションは、全て写真を撮るためだけに計画された。地震計は30インチのバルサ材の球に納められ、月面に時速150マイルで衝突しても壊れないことになっていた。
　それほど頑丈に設計されていたため、月の表面重力が地球の1/6であれば、おそらくその地震計ユニットは生き残っていただろう。しかし、もし月の重力が予想よりももっと大きければ、十分な逆推進ロケットを付けずに着陸を成功させることは不可能であったと考えられる。

　明らかに、レインジャーを担当した科学者たちは、1/6という

第3章 月と地球間の重力平衡点の変更

弱い重力を前提として、その衝突速度が十分低いレベルに抑えられると予想していた。

　彼らがその後のミッションから地震計ユニットを除き、約1年半レインジャーのミッションを延期していた間に、おそらく彼らは月の重力について何か新しい情報をつかんだにちがいない。

　ソビエトは4年間沈黙した後、1963年4月2日、ルナ4号を打ち上げた。それは月の5,300マイル以内を飛行した。この探査機の目的は、次の短い発表を除いて公表されなかった。

　　…予定された実験と測定は完了する。宇宙船との無線交信はあと数日続くだろう。[3]

　このミッションには、詳細な重力のデータの必要性が隠されていたことは十分あり得る。その情報なしで軟着陸を成功させることはできなかったはずだからだ。

　米国は1964年1月30日にレインジャー6号を打ち上げたが、その飛行中にカメラの電源が偶然に入り、電気システムが焼き付いたと言われている。したがって、その写真は送信されなかった。

　おそらくこの障害を取り除くためにシステムを設計し直した後、7月28日、レインジャー7号が打ち上げられた。それは成功し、数千枚の写真を送って寄こした。

　レインジャー8号は1965年2月17日に打ち上げられ、レインジャー9号は同年3月21日に打ち上げられた。両方とも成功し、レインジャー9号の写真のいくつかはテレビで放映された。

ソビエトは1964年5月9日、ルナ5号によって軟着陸を試みたが、それは全速力で墜落した。

ルナ6号は6月8日に打ち上げられたが、月をそれた。

ルナ7号は、おそらく逆推進ロケットの点火が早すぎたために墜落した。

12月3日打ち上げのルナ8号も墜落した。

1966年2月3日のルナ9号で、やっと月面に着陸することができた。

米国の月面軟着陸計画は、サーベイヤーと呼ばれ、1960年に始まった。

1962年、多くの実験を諦めることによって、サーベイヤーの重量を300ポンド以内に制限することが決定された。その理由は、計画された Atlas Centaur ロケットの二段目の問題だった。

サーベイヤーの1963年の打ち上げ予定日は過ぎ去って、その準備が行われる気配もなかった。プロジェクトの費用は当初の見積もりの10倍になっており、"障害"は一つの遅れから次の遅れを招いた。

議会で質疑が行われ、科学と宇宙航行学に関する下院委員会は、JPL(ジェット推進研究所)、NASA、そして最大の請負企業である Hughes Aircraft 社の管理方法に欠陥を見つけた。

John Noble Wilford は、彼の著書 *We Reach the Moon* の中で、サーベイヤーの障害を説明した。[4]

JPL の職員たちは、当初そのプロジェクトの障害を過小評価していたことを認めたらしい。ある職員は、そのプロジェクトは最初の頃、十分な援助が得られず、しかも彼らは自分たちの能力を過信していたことを認めた。

第3章　月と地球間の重力平衡点の変更

　1962年10月18日のレインジャー5号の失敗が、地震計ユニットの放棄とその後のレインジャー計画の大きな遅れを招いたことは、それらの理由があったからではないだろうか。

月の重力はアポロ時代直前に確定された────

　サーベイヤー計画は当初の予定から28ヶ月延期され、1966年6月2日に初めてサーベイヤー1号が月面に軟着陸した。

　口絵写真7には、アポロ12号の宇宙飛行士、Alan Beanとサーベイヤー3号が写っている。サーベイヤー3号は、1967年4月20日、"嵐の海"のクレーター内に着陸した。後方には、アポロ12号の月着陸船がそのクレーターのふちにあるのが分かる。

　月探査機を月の軌道に乗せる米国の試みはAtlas Able 1によって1958年8月17日に始まったが、それは2度続けて失敗した。

　その後、より大型の宇宙船を造り、打ち上げ用ロケットとしてAtlas Agenda Dを使用することが決定された。

　ペイロードは周回機の減速用燃料を積むために大型になり、そのペイロードを運ぶロケットは大型にならざるを得なかったのだろう。これは、衛星を軌道に乗せることができるように、その速度を落とすために必要になるからだ。

　また、ボーイング社がルナ・オービター計画を始めたものの、1958年に始まったこの月周回機プロジェクトが1964年まで延期されたのも同じ理由からかもしれない。

　ソビエトは、1966年2月3日にルナ9号の軟着陸を成功させた後、1966年4月3日にルナ10号を月の周回軌道にうまく乗せた。

軟着陸だけでなく、軌道投入にも、逆推進ロケットによるかなりの減速が要求されたと思われる。いずれにしろ、短期間のうちに軟着陸と軌道投入という二つの課題が達成された。

　米国のルナ・オービター1号も、1966年8月14日に月の軌道にうまく乗った。

　ルナ・オービター5号は、ミッションが成功した後、1968年1月31日に月面への衝突が実施された。これらのミッションによって月の99％以上が撮影され、月のマスコン（重力異常を起こす地殻）、あるいはいくつかの地域での表面重力の増大が発見された。これらのマスコンについては、後で詳しく議論しよう。

　上述の月探査の分析は、米国とソビエトが1959年には月の重力についてのはっきりとした全体像を持っていたことを示している。そして、両国が1966年までに軟着陸の方法や月の重力にどう対処するかを学んだことは確かである。この年月日は次に繋がるために重要である。

　読者は、月の重力が地球の1/6という値からずれている可能性を気にされているだろう。これを適切に評価するためには、裏付けとなるデータが必要である。その分析は、つまるところ平衡点の位置に向けられる。そしてその情報源は NASA になる。

　アポロ11号に関して、1969年7月25日発行の雑誌タイムは、次のような情報を提供した。

　　月から**43,495マイル**の地点で、月の引力は地球の引力と等しい力になる。したがって、それは地球から**約200,000マイル**離れ

第3章　月と地球間の重力平衡点の変更

ている。[5]

　第2章で示された月から平衡点までの距離は、全て20,000マイルから25,000マイルだったので、読者はこの記述に驚かれるだろう。
　タイム誌がミスをしたと思われるかもしれない。その情報を確かめるために、他の複数の情報源からもこの数値を確認してみたい。

　ウェルナー・フォン・ブラウンと Frederick I. Ordway 3世の著書 *History of Rocketry & Space Travel* の1969年版に、アポロ11号に関して次のような記述がある。

> 月への接近は非常に正確だったので、午前8時26分（EDT：米国東部夏時間）に予定されていた19回目のコース修正はキャンセルされた。月から43,495マイル離れた所で、アポロ11号はいわゆる"平衡の"地点を通過した。そこを越えると、月の重力が地球のそれを圧倒している。そのため、地球からの長い慣性飛行でしだいに速度を失っていた宇宙船は、そのとき加速を始めた。[6]

　フライトの精度が素晴らしかったので、コース修正が必要でなかったことに注目していただきたい。さらに、平衡点までの距離はマイルで与えられ、タイム誌で与えられた値と正確に一致している。

　もう一つの信頼すべき情報源は、エンサイクロペディア・ブリタニカ（大英百科事典）である。この出版社は、一般的に正統派の科学者たちに受け入れられている情報を提供している。したがって、彼らの平衡点に対する主張はフォン・ブラウンの見解に一致してい

るはずである。

アポロ11号に関して、1973年版のブリタニカは、"宇宙探査"という項目の中で次のように書いている。

> アポロの軌道力学を考察することは、これまで述べたことを再検討することでもある。アポロ11号は高度118.5マイルの地球の軌道にあって、17,427［mph］で飛行していた（訳註 mph：miles per hour　マイル／時間）。その宇宙船が適切な軌道に正確に位置したタイミングでロケットエンジンを点火すると、その速度は24,200［mph］まで上昇する。地球の引力は月へ向かう行程の2日と3／4日間（64時間）宇宙船に働き続けるので、宇宙船の地球に対する速度は月から39,000マイル離れた所で2,040［mph］まで低下する。この地点で月の引力は地球の引力よりも強くなり、宇宙船は加速し始める。同時に、それは月の裏側へ向きを変え、その速度は5,225［mph］に達する。宇宙船のロケット推進装置を点火すると、宇宙船は3,680［mph］に減速され、月の楕円軌道に入る。[7]

この文献では、その距離が39,000マイルとなっていて、タイム誌やフォン・ブラウンが与えた値に近い。

読者は、第2章の参考文献であるブリタニカが、月から平衡点までの距離を月の半径の19倍、あるいは20,520マイルとして載せていたことを思い出されるだろう。

このケースでは、同じ情報源の異なる版の間で距離の食い違いがあることが分かる。

第3章　月と地球間の重力平衡点の変更

Wilford の著書 *We Reach the Moon* では、宇宙船が月から約38,900マイルの地点で月の重力圏に入ったことが示されている。[8]

また、Associated Press 社によって1969年に書かれた *Footprints on the Moon* では、その平衡点が以下のように記されている。

　　金曜日、ミッションの3日目、アポロ11号が地球と月の間の長い重力の坂道の頂上に来たことに気付いた。午後1時12分（EDT）、宇宙船は月の重力の方が優勢となる里程標を通過した。宇宙飛行士たちは、地球から214,000マイル、月との会合点からたった38,000マイルの地点にいて、ハンターがカモを追い込むように、彼らのターゲットを追い込んでいた。[9]

月の真の重力は隠蔽されたのか

　読者はすでに、引用された数値に不一致を認めているだろう。それは、38,000マイルと43,495マイルの間にあって、さまざまである。ただ、それらの違いは精度の差が原因であり、ある範囲内に収まっている。しかし、アポロ以前の計算とは根本的に異なっているのである。

　従来の、アポロ以前の20,000マイルから25,000マイルまでの距離と、アポロ以後の38,000マイルから43,495マイルの範囲との食い違いを、どう埋めればよいのだろう。

　地球と月の距離が221,463マイルと252,710マイルの間で変化し、そして宇宙船が地球と月の間の直線上を飛行しないとしても、これ

は平衡点までの距離の違いを説明していない。

論理的な結論は、平衡点がはるか以前の1959年、初期の月探査から決定されていたにもかかわらず、その最新の情報は、最初のアポロ月着陸の頃になってやっと一般の大衆に届いていたということである。この食い違いは、現在まで一般に指摘されないでいる。

今日まで、科学界と政府の発表は、月面の重力（地球の1／6）や月から25,193マイル以下の平衡点について遠回しに言及している。したがって、平衡点の食い違いとその影響は究明されなければならない。

月の表面重力は、標準的な逆二乗の法則のテクニックを使って、これまでに与えられた新しい数値によって計算される。

地球と月の半径、平衡点までの距離、そして地球の表面重力は知られているので、月の表面重力は容易に決定される。そのテクニックは、ニュートンの重力法則によれば、月の質量や地球の質量の知識を必要としない。

今回、有効であると思われるニュートンの重力法則の一面は、重力の逆二乗法則という性質だけである。したがって、平衡点では地球の引力と月の引力が等しいことから、逆二乗法則によって月面での重力を決定することが出来る。その技術的な誘導は、付録Bで与えられている。

これによって、以下のような驚くべき結論が得られるのだが、これはいったい何を意味するのであろうか。

月の表面重力の計算結果は、ニュートンの万有引力の法則によって予測された値、地球の1／6（16.7%）ではなかった。それは、

第3章 月と地球間の重力平衡点の変更

地球の表面重力の64%ということになる。

43,495マイルという数値が公式な情報源から与えられた平衡点までの距離の一例であることを考えてみると、厄介な矛盾が生まれる。

専門家たちは、アポロ以前の25,000マイル以下という平衡点の距離を無視しながら、どうしてこの情報を公表し、そして月の弱い重力（地球の1／6）に頼り続けているのだろうか。

今後の追加情報によって、月の重力が地球の64%より高くなることもあるかもしれない。そうなると、NASAは何を隠蔽していことになるのだろう。たとえば、月の重力のわずかな差異に対する平衡点の過敏さを考慮して、大衆には控えめな数値を与えたのだろうか。

もし平衡点が月から43,495マイルにあるなら、その表面重力は地球の64%である。その平衡点を月から52,000マイルのあたりに移動させると、月の表面重力は地球と同じ値にまで増加することにさえなる。

次章以降で議論される矛盾は、月を周回する宇宙船の周期や平衡点から月に到達する宇宙船によって得られる速度を伴っている。

ところが、そこでは、公表されたその周期や速度の値が月から平衡点までの距離である43,495マイルを裏付けていないことが分かる。それらは、古い平衡点の距離と1／6という弱い月の重力を裏付けているのだ。

したがって、公式の情報には一貫性がなく、矛盾し、隠蔽を暗示しているといわざるをえない。

そうなると、導かれる疑問は、なぜ本当の平衡点情報が漏れたのか、そして、その理由は NASA の職員の一部がその隠蔽を妨害したからなのか、ということになるだろう。

第4章

宇宙船の速度、飛行時間、燃料の矛盾

　アポロのミッションを一貫して取材している記者たちは、その宇宙船が月に到達したとき、それが時速6,000マイル未満で飛行していたことを報告した。それは、宇宙船が時速2,000マイルをわずかに超える速度で平衡点を通過した後である。

　筆者は、その記者たちによる計算、つまり宇宙船が月に到達したときに得られる速度を導く計算を見ていない。したがって、NASAが直接、あるいは間接的にその情報を提供したと考えるのが自然である。
　その事実と数値を検討すると、明白な矛盾が生じる。

　まず第一に、第2章と第3章で説明したように、平衡点の月からの距離43,495マイルと地球の1/6という月の弱い重力は両立しないということだ。

　1971年に書かれた *Space Frontier* の中で、フォン・ブラウンは、アポロ8号が平衡点に達したときの速度が時速2,200マイル、月に達したときには時速5,700マイルであったと述べている。[1]
　同じ話題の中で、彼は、月から38,900マイルの地点を過ぎると月

の重力が大きく影響し、宇宙船はそこで再び加速を始めると述べた。

平衡点から月へ向かうときの速度を計算すると、その宇宙船が前記のように時速6,000マイル未満で月に到達するのは、月の重力が地球の1/6に等しい場合だけである。

月の重力が地球の1/6ならば、その平衡点は、月から38,900マイルではなく、24,000マイルのあたりに来る。したがって、宇宙船は、月から約24,000マイルの地点に達するまで地球からの慣性飛行の速度を失い続けるはずである。

しかし、そのような既存の数値はフォン・ブラウンの文献には書かれていない。月の強い重力による、より遠い平衡点の距離が正しいのか、それとも、その遠い平衡点の距離が誤っていて、月には地球の1/6という弱い重力が存在するのか。そして、なぜフォン・ブラウンは、このような相反する情報を発表したのか、ということである。

改定された数値から想定されること

宇宙船が月に到達する時の速度について、月の強い重力の影響を考えてみよう。

地球の1/6という弱い月の重力は、宇宙船を6,000 [miles/hour] よりもやや小さい速度まで加速させるが、64％という強い重力の場合は、その最終速度をかなり大きく押し上げてしまう。

付録Cでは、平衡点までの距離43,495マイルから要求される地球の64％という月の重力を使って、その最終速度を導いている。

第4章　宇宙船の速度、飛行時間、燃料の矛盾

　その最終速度の計算結果は、10,000［miles/hour］を超えている。
　平衡点までの距離43,495マイル（その原因は月の強い重力にある）から計算される最終速度と、5,700［miles/hour］という公表された数値の間の差は、4,000［miles/hour］以上となる。

　周回速度を議論する前に、その平衡点が40,000マイル台の付近にあることをはっきりと示す根拠を説明しよう。

　アポロ8号のフライトでは、宇宙船はそのミッションの55時間39分に、時速2,200マイルで、その平衡点である月から38,900マイルの地点に到達したと言われている。
　そして、ミッションの68時間57分、宇宙船は時速6,000マイル未満で月に達した。
　したがって、その区間は13時間18分で移動したことになる。

　もしその平衡点が実際には月から24,000マイルにあったなら、宇宙船の平均速度は約2,441［miles/hour］となって、その移動には約9時間50分しかかからない。
　だから、NASAが発表した時間は、月から遠い方の平衡点の距離、したがって月の強い重力を裏付けている。

　飛行時間の詳細な分析は、月が強い重力を持っていることをあらためて裏付けることになる。

　もし月の表面重力が地球の1/6であったなら、アポロ8号は、月から24,000マイル台に達するまでその速度を失い続けただろう。
　その地点で宇宙船は加速を始め、約5,540［miles/hour］で月に到

達する。

　もし宇宙船が月から38,900マイルの地点を2,200［miles/hour］で飛行していたなら、地球の1/6という重力を仮定すると、その飛行時間は16時間44分になっただろう。

　これと、NASAが報告した時間、13時間18分との間には、3時間を超えるズレが生じている。

　NASAが主張したその短い時間を説明する方法は、大きな月の重力で想定される平衡点に宇宙船の平衡点通過速度と月への最終速度を当てはめること以外ないことになる。

　したがって、地球の64％という強い重力を月に仮定すれば、その飛行時間は13時間47分であると計算され、それはNASAが主張する13時間18分に非常に近くなる。

　この分析は、NASAが提供した情報自体に矛盾が生じていることを間違いなく示している。

　つまり、その飛行時間と平衡点の距離は、月の強い重力を示しているけれども、NASAは月の重力が地球のわずか1/6であると公表し続けているのである。

　次に、もし月の重力が地球の1/6であったなら、月の軌道を回る衛星や宇宙船は非常に遅い軌道速度で飛行することになるだろう。これは、その軌道速度による遠心力が月の引力を相殺するためである。

　もし月の引力が小さければ、軌道を維持するために必要な速度も小さくなる。言い換えるなら、物体が落下し難くなる。その結果、衛星はより遅い速度で軌道を回り続けることができる。

第4章　宇宙船の速度、飛行時間、燃料の矛盾

孫衛星は想定される速度で回っていない――――

　地球の１／６の重力では、高度70マイルで月を周回する衛星は、時速3,655マイルでしか飛行していないはずである。しかし、月の重力が地球の64％である場合、同じ高度における軌道速度は、時速7,163マイル、もしくは発表された数値のほぼ２倍になるだろう。

　前にも挙げたブリタニカの"宇宙探査"という項目に、次の記述がある。

　　アポロ11号は時速5,225マイルで月に到達し、一つの楕円軌道を想定してその速度を時速3,680マイルまで減速しなければならなかった。[2]

　地球の64％という強い重力の場合、宇宙船はそのような低い速度では岩のように落下し、たちまち月面に衝突するだろう。
　月の強い重力の下では、アポロ宇宙船の制動操作は、軌道を想定して、時速10,000マイル以上という速度を時速7,163マイルにまで減速するだけでよい。

　この軌道速度は、宇宙船が月の周りを２時間に１回ではなく、１時間に１回まわることを示している。

　これらの周期について、管制センターの職員は当然知っているにちがいない。なぜなら、軌道ごとの一部の区間、司令船（CM：Command Module）が月の背後を通過するとき、その通信が絶た

れるからである。その通信の途絶は、120分間の軌道のたびに50分間続いたと言われている。

付録Dでは、その速度と通信途絶時間が、高度70マイルの軌道に基づいて導かれている。地球の64％という重力によって、その通信途絶時間は24分間にしかならないはずである。

上記のような事態が生じた場合、情報を大衆から隠すために、かなり厳しいセキュリティー対策が取られるに違いない。
宇宙飛行士の活動が管制センターによってのみ監視されている限り、実際には比較的少数の職員だけがその事態を知っているのだろう。
NASAの大多数の職員は、まだ何も知らされていないかもしれない。それが事実なら、セキュリティーの最も厳しい部署は管制センターになるだろうし、これから提示する情報はそのことを示唆している。

John Noble Wilfordはニューヨーク・タイムズ紙のためにアポロのミッションを取材したことがあり、*We Reach the Moon*という本の中で、NASAに協力した自分の経験に加えて、アポロ計画をかなり詳細に論じている。
次の情報は彼のその本から得られている。[3]

Grissom、Chaffee、そしてWhiteの3人が亡くなったアポロ1号の火災事故について、Wilfordは、ヒューストンがNASA本部への電話で、テープ録音の様子を描写する恐ろしい言葉を使ったと述べた。しかし、NASAの幹部たちは、Wilfordが1月31日付のニ

第4章 宇宙船の速度、飛行時間、燃料の矛盾

ューヨーク・タイムズ紙に記事を書くまで、そのテープの存在について知っていたことを認めなかった。

この事件は率直さの欠如を示していて、後に一般市民と議会は、NASAにその責任があることに気付いた。その火災事故があった週末に、記者たちは、彼らの質問に対する曖昧で責任逃れの回答を絶えず聞かされ、それは彼らにジェミニ8号を思い起こさせた。ジェミニ8号では、カプセルが制御できなくなったが、その危機的状況にあったときの通信テープは公表されなかった。それは、宇宙飛行士たちの声のレベルが誤った印象を与えかねない、とNASAが判断したからである。そのテープは後に公表され、それが改変されていないとすれば、宇宙飛行士たちは素晴らしい自制心で対処していたことになるのだが…。

記者たちはその後、NASAのイニシャルが Never A Straight Answer（決して正直に答えない）の意味であると言い始めた。

Richard Lewis の著書 *The Voyages of Apollo : The Exploration of the Moon* の中で、彼は、アポロ12号の時の管制センターでもそのような状況が起きていたことを説明している。[4]

以下は、その説明のあらましである。

> 真夜中の、管制センターの操作パネル群の後ろにあるガラス張りの貴賓室には、行政官の Paine、彼の代理 George M. Lowe、宇宙飛行士の Armstrong、Aldrin、そして Borman、MIT 計測器研究所（ここでアポロの慣性誘導システムが開発された）の所長 C. Stark Draper、そしてフォン・ブラウン等、VIP が詰めかけていた。しかし、報道機関の人間は誰一人招かれていなかった。マーキューリー計画以来、ニュース記者たちは管制

センターへの立ち入りを許可されていなかった。

その方針は、おそらく大事故が起きた場合の発覚を防ぐために採られたのだろう。その方針は継続され、アポロ計画の終わり近くになってようやく報道機関の代表がジョンソン宇宙センターの貴賓室への入室を認められた。

これまでの情報を考慮すれば、そのような厳しいセキュリティー対策が取られたのは偶然ではないだろう。明らかに、大衆には注意深く選別された情報が与えられ、その一部は真実だったが、その多くは月の重力の古い考えに基づいて完全に捏造されていたに違いない。

月に向かう途中で直面する矛盾が見つかったように、その議論は月の周回軌道にある宇宙船にも当てはまっている。

想定される数値では月から帰還できない————

次に、月面に下降したり、月面から上昇する月着陸船の燃料要求量について、強い月の重力の影響を検討してみよう。

宇宙船が惑星の表面から宇宙空間へ脱出するためには、あるいはその軌道に乗るためには、宇宙船は軌道の高さにまで上げられて、ある最低限の速度で飛行しなければならない。
つまり、絶えず働く重力に打ち勝つエネルギーを必要とし、そして宇宙船の運動エネルギーを増やす必要がある。
人間を月に送ったアポロ打ち上げ用ロケットが363フィートもの

第4章　宇宙船の速度、飛行時間、燃料の矛盾

高さがあり、640万ポンドの重量だったことを覚えておられるだろうか。

　まず、地球を脱出したアポロ11号の場合を考えてみる。
　このときのロケットは、約10万ポンドのペイロードを、月に向けて時速24,300マイルで送るように設計されていた（訳注　ペイロード：ロケットの打ち上げ対象となる宇宙船や探査機、あるいはその重量）。

　アポロ4号のロケットは、278,699ポンドを高度110マイルの地球の円軌道に乗せた。
　この場合は、ただ地球の衛星軌道に乗せるだけなので、地球を脱出し、月へ送るよりも、はるかに大きなペイロードを軌道に乗せることができた。
　ロケットの総重量をペイロードの重さで割ると、そのペイロード比が決定される。
　アポロ4号の場合、この比は、

$$\frac{6,400,000}{278,699}$$

すなわち23対1である。
　これは、ペイロードを地球の軌道に乗せるために、そのペイロードの23倍の打ち上げ重量が要求され、そして、そのロケット重量の約90％は燃料であることを意味している。

　もし月の重力が地球の1/6であれば、月着陸船（LM：Lunar Module）が軟着陸するため、あるいは月から脱出するために必要なペイロード比は、上記のペイロード比よりもはるかに低い値にな

る。

　NASAは、月着陸船の重さが燃料満タン時に33,200ポンドであると述べた。これは上昇段と下降段から構成されている。

　口絵写真8は、月面に降りたアポロ16号LM（着陸船）であり、上昇段と下降段からなっている。

　燃料を積んだ上昇段は10,600ポンドであり、空の下降段は4,500ポンドであるため、軟着陸用のペイロードは15,100ポンドであった。
　したがって、軟着陸に対するペイロード比は

$$\frac{33,200}{15,100}$$

すなわち2.2対1だった。
　燃料を満タンにした時の上昇段の重さは10,600ポンドであり、空の時は4,800ポンドである。
　その上昇時のペイロード比も

$$\frac{10,600}{4,800}$$

すなわち2.2対1になる。
　燃料を満タン、あるいは空にしたLMの重量は、月の重力が地球の1/6である場合に必要な燃料の量と矛盾していない。燃料タンクのサイズも適切である。
　したがって、宇宙船全体の容量は月の弱い重力の要件を満たしている。

　月から平衡点までの距離が24,000マイルであった場合、地球の1/6という弱い重力が予想され、燃料の必要条件も満たされる。

第4章　宇宙船の速度、飛行時間、燃料の矛盾

　宇宙飛行士たちはLMによって月に着陸し、計画どおりの探査を終えて再び離陸することができただろう。

　しかし、43,495マイルという平衡点の距離と、それによる月の強い重力の問題が残ったままだ。

　付録Eでは、月の重力が地球の64％であるというデータに従って、LMの燃料要求量が計算されている。
　64％という重力の値を前提とすると、離着陸に要求されるペイロード比は7.2対1となる。その場合に要求される周回速度は、LMが地球の1/6という重力環境にある場合の約2倍である。この場合、減速用、あるいは上昇用の燃料は約4倍の量を必要とする。

　月の強い重力によって余計に燃料が必要になると、非常に不具合なことが生じる。まず、その上昇段は、燃料が空の状態の7.2倍の重さになるはずだ。

　次に、燃料を満タンにした上昇段を軟着陸させるために必要な燃料は、月着陸船の総重量を約250,000ポンドにまで増やすことになる。
　したがって、そのLMは、重量330,000ポンド、全長103フィートのタイタン2型ロケットとほぼ同じ大きさになるだろう。

　こうした計算から導かれる、驚くべき結論は、人間が実際に強い重力を持った月に着陸したのが事実だとすると、それにはロケットが使用されなかったということだ。

加えて、43,495マイルの平衡点距離は、月の重力が地球の64%に等しいことを意味している。
　地球の64%という月の重力は、月から脱出するためだけでも大型のロケットを必要とするうえに、まずその離陸用のロケットを軟着陸させなくてはならない。

　もし月が地球と等しい重力を持っているなら、その問題はとんでもないことになる。これが事実かもしれないことは、後に示される。
　付録Eから、地球の重力に等しい月の重力によって、そのペイロード比は18.2になるはずだ。これだけで87,360ポンドの上昇段が必要になるだろう。

　さらに、下降用ロケットの重さは、1,589,000ポンドというとてつもない値になる。それは、サターン打ち上げ用ロケットの1/4のサイズに等しい。
　サターン打ち上げ用ロケットは、この場合、下降用ロケットの64倍の重量、101,700,000ポンドを必要とするだろう。これは実際の16倍の大きさである。

　上述の謎によって、いくつかの興味深い疑問が生じてくる。ソビエトが月への有人飛行を実現する一歩手前にありながら、なぜ彼らは宇宙レースから離脱したのか。
　ロケットが月の強い重力環境では役に立たないのに、合衆国はどうやってそれを解決したのか。月面着陸を成功に導いた極秘の研究に、軍はどう関わったのか。これらの疑問は、後の章で明らかにされるだろう。

全ての証拠が揃うまで、その大規模な隠蔽に対する訴訟は不可能であり、多くの疑問は回答されないままとなる。

アポロ計画のあらゆる面が注意深く精査されるまで、読者は結論を保留すべきである。

結局、大衆は詐欺師、政治家、軍国主義者、科学者たち、そして法人や団体によって長い間欺かれている。いかにも本当らしいストーリーが語られているが、その主張を実証するためにほとんど信頼できない証拠が提出されているのである。

第5章

月面での宇宙飛行士の体験

（1/6）G では、あらゆる物が地球での重さの 1/6、あるいは 16.7％になる（訳注　G＝地球表面での重力加速度）。体重180ポンド（82キログラム）の男性は、わずか30ポンド（14キログラム）の重さになるだろう。

　著述家たちは、宇宙計画やアポロのずっと前に、月面での人の運動能力について考察していた。彼らは、（1/6）G の計算を基礎にしていた。

　宇宙飛行士たちが月を探検したとき、大衆は彼らのアクロバティックな動きをいくらか期待していたが、何一つ果たされなかった。読者は、月面で動き回る宇宙飛行士のテレビ映像を思い出されるかもしれない。もしそうなら、私は、読者が何か異常な離れ技を思い出されることを強く求める。しかし実際には、何もなかった。

月面で予想された弱重力現象は起きなかった―――――

　1967年11月発行の *Science Digest* の中に、James R. Berry による "How to Walk on the Moon[1]" と題された記事がある。その中で

Berryは、宇宙飛行士たちはスローモーションで14フィート（4.2メートル）くらいまで跳躍したり、後ろ宙返りや体操選手のような技を行ったり、あるいは腕を使ってはしごや棒を容易に登ることができるだろうと予測した。

1969年に、*U.S. News & World Report* の "U.S. on the Moon" の中で別の予測もされている。

> 地球のわずか1／6の月の重力によって、月面にいるホームラン打者は、ボールを半マイル（800メートル）以上飛ばすことができるだろう。ゴルフ選手のティーからのドライブは、水平線を飛び越えるかもしれない[2]（訳注　ティー：ゴルフボールを載せる台）。

しかし筆者は、アポロ16号ミッションで、**口絵写真8**のように、John Youngが見せた垂直ジャンプを記録映画で観察したが、上記のような想定とは程遠い感じがした。

多くのライターは、アポロ11号の宇宙飛行士たちの着用した宇宙服が極めて体の動きを制約しているという印象を持っていると思われる。
それでも、Wilfordによる *We Reach the Moon* からの次の情報は、それが必ずしも事実ではないことを示している。[3]

Wilford は、Neil Armstrong が地球の1／6の重力の下で重い宇宙服とバックパックを身に着けても容易に動き回ることができることに気付いた、と述べている。

その宇宙服は、地球上では185ポンドであり、月面での歩行やさまざまな作業、そして測定器具を設置するには十分に柔軟だったという。

またWilfordは、宇宙飛行士たちが月面での歩行や作業に予想していたほどの負担を感じなかったこと、しかも彼らがカンガルーのように跳び回っていたことも指摘した。

（1／6）Gの考えは、宇宙飛行士の予想された動き方と比較して、彼らの実際の動き方を説明することに一つの問題を提起している。

宇宙服の重さは、彼らのジャンプを困難にしてはいないが、しかし月の重力が十分に大きいことによっていくつかの問題が生じることになる。

これまでに与えられた情報から判断して、セキュリティー管理が管制センターだけでなく宇宙飛行士の月面での会話にも及んでいることは、読者にとって驚きではないかもしれない。

宇宙飛行士たちの望ましからぬコメントは、大衆に放送される前に削除されたり編集されたりする準備が整っていたはずである。

管制センターがその情報を受け取ってからテレビに放送されるまでには、時間の遅れが存在していた。

宇宙飛行士たちの会話は制限された────

以下は、Lewis による *The Voyages of Apollo* からの情報のあらましであり、アポロ・ミッションの活動に行使された統制の度合いを指摘している。[4]

彼は、宇宙飛行士の全ての作業があらかじめ注意深く計画されていたことを指摘した。月の探検者たちは、予定通りに演じている俳優のようにその計画に忠実に従うことが予想されていた。

あらゆる動きが時間通りに計画され、記録された。そして、その計画から逸脱した行為は全て説明されねばならなかった。事実上、全てのイベントと活動がフライト計画、電話帳ほどもある台本によって支配されていた。

宇宙飛行士たちの会話も、特に彼らがテレビ用に撮影、あるいは記録されることが分かっていたときは注意深く制限されたと思われる。これは後に、"ホット・マイク (hot mike)" に対する逸話が宇宙飛行士によって語られていることでも明らかである(後述)。

アポロ12号は、最初の月着陸よりも調査範囲の広いミッションだった。

11号の Armstrong と Aldrin が月面でわずか2時間半しか過ごしていないのに対し、Conrad と Bean は12号で合計7時間以上を費やし、宇宙船から半マイルまでその活動範囲を広げた。このミッションでは、太陽風プラズマ粒子の収集を含め、多くの科学実験を行うことになっていた。(アルミホイルの太陽風コレクターについては、大気に関する章で議論される。)

月の重力が強いことを示すアポロ12号での最初の重要な矛盾は、Conrad がはしごの一番下から月の表面へ最後の3フィートをジャンプした直後に生じた。

次の情報は、Lewis による、その事件の説明からの要約である。[5]

第5章　月面での宇宙飛行士の体験

　Conrad が月着陸船のそばに立った時、彼は、「Neil にとっては、最後の一歩は小さな一歩だったかもしれないが、それは彼にとって長く感じられた一歩だった」と述べた。
　それから彼は、その地点から歩き出して、「Neil はかなり上手く歩くことができたが、落ち着いて自分の行っていることに注意しなければならなかった」と語った。
　Conrad が無作為にサンプルをすくい上げていたとき、彼は上体を前に傾け過ぎていたので、Bean は彼が転ばないように警告した。おそらく、そのとき彼が転んだ場合、宇宙服を着た状態で立ち上がることは無理だったかもしれないと思ったからだ。Conrad も、そのとき、もし転んだら思うほど素早く起き上がれなかっただろう、と述べた。

　上記の事件では、Conrad は、はしごの最下段への中間の一歩ではなく、11号のとき、Neil Armstrong が人類初として月面へ降りるさいに、はしごの最後の3フィートをジャンプして月に着地したことをコメントしたと思われる。
　宇宙飛行士たちが重いバックパック式生命装置を背負っていても、3フィートの落下はほとんど感じられないだろう。彼らは腕の力だけで下に降りることができたはずだし、困難はなかったはずだ。
　だが実際には、Conrad が月面で動き始めたとき、彼は重さの問題を感じたのかもしれない。
　また、たとえその装備の重量が発表どおりで、宇宙飛行士たちが (1/6) G の中で倒れたとしても、彼らが立ち上がることに問題はなかったはずだ。
　月面での彼らの総重量は、わずか60ポンド (27kg) 程度のはずであり、彼らは腕の力だけで起き上がることができただろうからであ

る。

このように、Conrad の会話として提供された証拠は、（1／6）G の主張を裏付けていない。それは、月の重力が地球上で経験する重力に近いことを示している。

月面作業は予想以上に重労働だった————

1969年12月12日発行の雑誌ライフに掲載された写真は、アポロ12号の宇宙飛行士、Alan Bean が測定器具のバーベル型パッケージを運んでいる様子を捉えているが、その地球での重さは190ポンド（86 kg）であるといわれている。[6]

写真に添えられた説明には、その重さは月面ではわずか30ポンド（14kg）である、と書かれているけれども、その写真と一致しているようには見えない。およそ1インチの棒が、弓形にたわんでいるからだ。**口絵写真9**がそれであるが、この時の記録映画を見れば、それはより明らかである。

Bean が月面で計測器のパッケージを運んでいた時、その棒は両端の荷物の重みで引っ張られ、上下に揺れたのである。Bean の努力と動きからも、その計測器パッケージが予想以上に重かったのは明白である。

残りのアポロのミッションを議論する前に、宇宙飛行士たちは、月面での小旅行を準備するためにどのような訓練が与えられたかを検討することが重要である。

体重185ポンドの宇宙飛行士が、185ポンド相当のバックパック式

第5章　月面での宇宙飛行士の体験

生命維持装置と宇宙服を身に着けた場合、宇宙飛行士と装備の総重量は、(1/6)Gの環境では62ポンドであるのに対して、地上では370ポンドになるだろう。

したがって、地球で(1/6)Gのシミュレーションを行うには、宇宙飛行士とその装備を、地球での彼の体重の1/3まで軽くする必要がある。

地上で(1/6)Gを擬似的につくるには、水中でつくるか、あるいは特別な装置を用いるしかないだろう。

その装置は実際につくられ、宇宙飛行士の上下の動きだけでなく、体重や荷物を軽くするために実験されている。これらの二つの方法はNASAに採用されたが、1964年初め、宇宙科学者たちは、水や特別な装置を使わずに月の作業場と同じように機能する場所として、オレゴン州を発見した。

宇宙飛行士たちは、"月面での歩行"を訓練するためにオレゴン州Bend地区へ派遣された。

ArmstrongとAldrinによって月面での小旅行に使用された宇宙服、バックパック式生命維持装置、および工具類を最初にテストしたのはWalter Cunninghamである。溶岩の岩場での最初のテストで、Cunninghamはバランスを失って親指をくじいた。さらに、宇宙服に小さな穴が開いて圧力を失ってしまった。

以上で明らかなように、さまざまなシミュレーションが試みられたが、もしそうなら、NASAの職員は重さの問題をどのように扱ったのだろう。

この方法では、(1/6)Gの環境を再現するには無理がある。バ

ックパックがかなり軽量化されたとしても、185ポンドの宇宙飛行士とその装備を合わせた重量は、月面で想定される重量の3倍をはるかに超えるだろうからだ。

　何かあるとすれば、そのテストの真の目的は、月の重力、つまり地球とほぼ同じ重力の環境を擬似的につくり出すことだったといわざるをえない。

　宇宙飛行士たちが、ともかくオレゴン州 Bend 地区でその装備を着けて演習できたということは、その装備が185ポンドよりもはるかに軽かったことを示唆している。

　このテストは1963年初頭に始まっているので、月の強い重力は、1962年には発見されていたことが明らかである。

　このことは、第3章で引き出された結論、レインジャーによる月探査は1962年までに NASA に月の重力を決定する情報を提供した、ということを裏付けている。

宇宙服の動きにくさは重力隠蔽の偽装か────

　アポロの初期のミッションを通じて、宇宙服が極端にかさばって扱いにくいということを大衆に印象づける試みが行われた。

　この宇宙服は、宇宙飛行士の月面での動作に大きく影響し、その結果、宇宙飛行士たちは実際に不利な条件を与えられているため、軽い重力を証明できるような運動ができないと人々は思うだろうと判断したのではないか。

　Cunningham が1964年当時において最高の宇宙服を試したときから、1969年にアポロが初めて月に着陸したときまで、その宇宙服が

ほとんど改良されなかったとはちょっと信じ難い。

　大衆は常に、最高の装備が宇宙飛行士に与えられていると教えられてきた。確かに、充分な資金が考え得る最高の装備を開発するために投入されてはいたが。

　目立たない調査が、興味深い発見をもたらしている。1971年に書かれた Suiting Up For Space の中で、Lloyd Mallan は次のように述べた。

> 米国航空宇宙学会の第5次総会は、1968年10月、ペンシルベニア州フィラデルフィアで開催された。そのとき、Hamilton Standard 社は航空宇宙学の科学技術者たちの前で宇宙服の使用を実演したが、実際には、彼らはすでに無償範囲の93%で宇宙服を完成させていた。1週間にわたる総会中、宇宙服の実演は広く興味と関心を引いたが、いくらかの疑念も招いた。一部の見物人にとって、その膨れた宇宙服に動きやすさが考慮されているとは考え難かった。事実そうだったので、続くアポロの月着陸計画有人宇宙ミッションには、より動きやすさが求められ、改良された宇宙服が開発されることになった。[7]

　1968年当時にこれが最高の装備だったとしても、NASA にはそれを改良してアポロ・ミッションに使用されるようにする時間と資金があったと、私は確信する。

　月が弱い重力を持っているということを大衆に納得させ続けることを望んだ NASA は、動きやすい宇宙服さえ使用しなければ、宇宙飛行士たちは身動きが取れないので、その隠蔽が露見する機会が

ほとんど発生しないと考えたのだろうか。宇宙服の重さと扱いにくさは、弱々しいジャンプや動作のうまい口実になるだろうからだ。

事実、1971年7月発行の *National Geographic* の "The Climb up Cone Crater" と題された記事の中で、Alice J. Hall は述べている。

> アポロ15号のLM（月着陸船）は、Antares（アポロ14号の月着陸船）の滞在時間の2倍、67時間月面に滞在できるだろう。改良された宇宙服によって、宇宙飛行士たちの作業はより動きやすくなる。[8]

しかしすでに、アポロ16号の宇宙飛行士たちは、このように改良された宇宙服によって素晴らしい柔軟性を獲得したにもかかわらず、それに値するジャンプができなかったことが指摘された。

そこで、さらなる宇宙服の改良がアポロのミッション末期の頃までには行われることが大衆に伝えられた。

アポロ11号の宇宙服とアポロ16号の宇宙服のサイズを比較すると、後者の宇宙服が見た目にあまりかさばっていないことが分かる。

したがって、月面に（1/6）Gの環境が存在するなら、アポロ16号の宇宙飛行士たちはなんの障害もなかったはずである。丘陵地を大きくジャンプしながら登れたはずだし、遠距離も短時間で移動できたはずである。

事故で月着陸を果たせなかったアポロ13号ミッションの前に、宇宙飛行士のLovellとHaiseは、アリゾナ州Prescott国有林内のVerde渓谷でトラバースを練習した（訳注　トラバース：岸壁などを左右に移動しながら登ること）。

第5章　月面での宇宙飛行士の体験

　これは、着陸予定地の標高よりも400フィート高い尾根にある、Coneクレーターに到達するために必要な経験を彼らに与えるためだった。

　だがいっぽうで、月面で経験する重力が（1/6）Gであるなら、アリゾナでの練習は全くむだになるだろう。彼らの月面における最重要事項は地球でのシミュレーションとは違うであろうし、月の環境を再現するためには、地球での重さは3～4倍重過ぎるだろう。

　しかし、その練習の機会は、地球の重力に近い状況を擬似的につくり出すには確かに有益だったかもしれない。

　もしCunninghamのバックパックと宇宙服の重さが185ポンドで、そのうえ宇宙服の圧力が含まれていれば、彼は数分ですっかり疲労しただろうが、そうはならなかった。

　これらの証拠は全て、生命維持装置と宇宙服が強い月の重力環境の中で長時間作業する宇宙飛行士にとって十分に軽かったという結論を示している。

　さらに、このことは早くも1964年には達成され、その装備は1969年までにかなり軽量化されたと思われる。その宇宙服と生命維持装置を合わせた重量は、おそらく75ポンド以下だった。NASAは、あまり見かけない軽金属と最も知られている生地を使って、これを実現したのだろう。

実証された月面歩行の困難さ

　アポロ13号が月へ向かう途上で起きた不運な事故の結果、アポロ14号のスケジュールは宇宙船の設計変更のために10ヶ月延期された。

このミッションは、フラ・マウロ高地への再チャレンジになるだろうし、その旅行のハイライトはConeクレーターへの1.8マイルの遠征になるはずだった。

　その旅行は大部分が上り坂だったために、いくつかの問題が生じた。たとえば、宇宙飛行士たちは機材運搬装置（MET）を交代で引かねばならなかった。

　最初の船外活動や翌日の月面小旅行について、Lewisは、ShepardとMitchellがダンスのステップやカンガルーのようなジャンプをしながら動き回ったと述べた。[9]

　不運にも、翌日の小旅行は、運搬に伴う困難さを克服しなければならなかったと思われる。それは、Coneクレーターへの遠征で、宇宙飛行士たちが息を切らせていて、彼らの心拍数が上昇したからである。[10]

　その原因は、彼らのあまり柔軟性のない大きな宇宙服と重い生命維持装置にあるとされた。それらの重さは、おそらく地上において185ポンドになったと思われる。

　しかし、(1/6)Gでは、宇宙飛行士、宇宙服、そして生命維持装置を合わせた重さが62ポンド（28キログラム）を超えないことを理解することが大切である。この重さは、地球では大きな値であるとは思われないはずである。

　遠征の前日にダンスのステップやカンガルーのようなジャンプで動き回っていた男たちだったが、この日の緩やかに見えた斜面はかなり手ごわい試練となったようだ。月の弱い重力が上り坂を歩く宇宙飛行士たちにそれほどひどい困難を生じさせたのなら、それはとりもなおさず、月は弱い重力ではなかったことになる。

第5章　月面での宇宙飛行士の体験

歩行の重労働は月面車で回避された————

　弱い重力の中で丘陵を登る容易さについて、あるいは長い行程を苦もなくジグザグで登ることについて宇宙飛行士たちのコメントが聞かれるはずだったが、それはなかった。
　意外にも歩き回ることが困難だったせいか、それ以後のアポロ15号、16号、そして17号の宇宙飛行士たちには、月の厳しい環境や強い（1/6Gの？）重力下での作業はまったく課されなかった。
　それに代わり、月面探査車（Lunar Rover）が使用され、宇宙飛行士たちを目的地近くまで運ぶようになった。

　アポロ14号の宇宙飛行士たちがConeクレーターの南側面に達したとき、Shepardは片膝をつけて岩石を採取し、立ち上がるためにMitchellの助けを借りた。

　彼らが上り坂を進んでその行程の約2/3に達したとき、彼らの心拍数は120［回/分］にまで上昇した。以下の情報は、Lewisによる遠征についての報告が要約されたものである。[11]

　　彼らの荒い息づかいは、ヒューストン、ニューヨーク、ワシントン、そしてフロリダに届いていた。彼らはその旅行を続けたが、前進はますます困難になった。彼らはクレーターの縁に近づいたものの、一気に前進することはできなかった。
　　上り坂のとき、Shepardの心拍数は150［回/分］、Mitchellのそれは128［回/分］に達していた。休憩がたびたび取られ、4時間の船外活動の半分以上を費やした後、Shepardは、Cone

クレーターのふちに着くにはまだ30分を要すると見積ったが、さらに30分延長してもたどり着くには十分でないかもしれないと判断した。
そこで宇宙飛行士たちはConeクレーターを断念し、岩石を収集するためにWeirdクレーターに向かって下り坂を降り、その後、溝を掘るためにTripletへ向かった。

1.8マイルの徒歩旅行の障害は、思ったほど容易ではなかったのだ。もし宇宙飛行士たちがその旅行にそれほど熱心でなかったなら、これはあまり驚くほどのことではないだろう。しかし、彼らは逐一行動を文書に記録し、途中で標本の採取も丹念に行ったほど、その任務は重要なものだった。

全てを考慮に入れるなら、途中であきらめたこの判断は、地球上でなら適切な時間量だといえるだろうが、(1/6)Gの月面では、宇宙飛行士たちは少なくとも時速5マイルを維持できたはずである。

もし彼らがその行程の2/3まで来ていたなら、残りの半マイルを時速5マイルで6分以内に移動することができたはずだ。だが、彼らは、目的地へ30分以内に到着できないと判断した。

彼らが地上にいたなら、残りの距離を何とか歩いて最終期限ぎりぎりにたどり着いたかもしれないが、そこは1/6の重力環境の月面であったはずだ。

結局、彼らは着陸地点に戻り、ALSEPの計器を調べた（訳注 ALSEP：Apollo Lunar Surface Experiment Package　アポロ月面観測装置）。

第5章　月面での宇宙飛行士の体験

　そしてそこでShepardは、有名な6番アイアンのゴルフを実験した。そのデモンストレーションの目的は、月の弱い重力の中で、ボールがどれだけ遠くへ飛ぶかを示すことだった。

　ボールの一つは、おそらく100ヤードを飛び、もう一つは400ヤードを飛んだ（訳注　1 yard＝0.914m）。その飛距離については曖昧なので、結論を下すことはできない。

　しかし、これまでに与えられた月の強い重力の証拠から考えると、ゴルフの実験でも際立った距離が得られなかったであろうことは容易に想像できる。

なぜ月面歩行映像はスローモーションなのか————

　筆者は、アポロ14号ミッションの記録映画で、宇宙飛行士の一人を観察した。

　その宇宙飛行士は半スローモーションで走っていたが、それ以外は全く普通だった。宇宙飛行士が地上で走る場合よりも、足を上げずに、そして歩幅を広げずに走ったと考えると、矛盾が生じる。

　スローモーションの効果も、この矛盾の事実を隠すことはできない。

　これは、宇宙飛行士が実際よりも軽いことを印象付けるために、その動作をおそくするように映像の速度が調整されたことを示している。

　スローモーションの効果によって物体はよりゆっくりと落ちるように見えるだろうから、それによって大衆は月の弱い重力を確信してしまうのだ。

1979年、アポロ11号の10周年を記念するテレビの特別番組で、月面の宇宙飛行士の短いビデオ録画が放送された。月からのテレビ映像をもっとじっくりと見たかったが、数時間の特番がその映像に割り当てた時間は2分に満たなかった。
　その記録映画は、多くの画面を削って編集されているように思われた。そのことが、映画そのものをいっそう拙劣にしていた。そして、宇宙飛行士たちは、昔風の映画のように超高速で動き回っているように見えた。

　おそらく他の視聴者たちも、この歴史的出来事のオリジナル映像に対してなぜそれほど貧弱な映像しか放送されなかったのかと、疑問に思っただろう。代わりに、その特番は旅行の準備や宇宙飛行士の生活の他の側面について取り上げていた。コメンテーターのAlan Shepardは、月の1/6の重力環境について述べるように努めていた。

　アポロ15号では、宇宙飛行士がより広い範囲を移動できるように、月面車ローバー（Lunar Rover）を初めて使用することになった。14号のMitchellとShepardが月面で障害に直面した後、このローバーはほぼ必需品となったのである。

　アポロ15号のミッションには、Hadley山とApennine山岳地帯への旅行があり、彼らはかなり険しい斜面をローバーで移動することになっていた。ローバーを使っても、ScottとIrwinは月着陸船の半径6マイル以内にとどまらなければならなかった。
　これは、故障の時に着陸船に戻るための、徒歩による最大距離である。

第 5 章　月面での宇宙飛行士の体験

ローバーはなぜそんなに重く見えたか――――

　ローバーはおそらく月の（1/6）G を想定して設計されていたのだろうが、詳しく調べてみると、それは地球に近い重力により適していることが分かる。

　それは全長が約10フィート、高さが4フィート、ホイールベース（前輪と後輪の車軸間の距離）が7.5フィート、そして輪距（左右両輪の間隔）が6フィートである。

　その車輪は、半径32インチで、チタン製のV字型接地面を持ち、外観は地球のタイヤとあまり変わらない。各車輪には、それぞれ1/4馬力の電気モーターが付いていて、その最高速度は、アポロ16号の場合、時速17km、あるいは時速10.6マイルと発表されている。

　それは地上で460ポンドの重さがあり、1,080ポンド（地球上での値）の積荷を運ぶことができた。

　口絵写真10は、月面を走り回るローバーである。

　月面において、（1/6）G を仮定すると、科学観測機器や通信機器を装備したローバーの重量は120ポンド（約45kg）に満たないだろう。

　宇宙飛行士たちは、ローバーを使用するために、それを月着陸船の側面から降ろして広げなければならなかった。

　Lewis によれば、彼らにとって、月面でローバーを降ろすことは、地上での演習よりもたいへんだったそうである。[12]

　その作業の最中、地球と月との間の会話に、「落ち着いて」、「いいぞ」、そして「もう大丈夫」といった多くのフレーズが聞かれた。

　二人の宇宙飛行士は、（1/6）G によって120ポンドほどしかない

はずの物と必死になって格闘していたと思われる。

ローバーの展開は地上で訓練されていたから、月面では難しくなかったはずである。だが、実際はそうではなかった。

Scott と Irwin が、首と腰を渦巻き状にした最新の宇宙服を着用していたことは、大きな意味がある。[13]

これは、彼らの動作、例えば、振り返ったり、頭を縦に振ったり、体をひねったり、体を前に傾けたりすることを、以前の宇宙服よりもずっと容易にした。

宇宙服の扱いにくさは、宇宙飛行士たちがローバーを降ろすときの振る舞いに対するへたな言い訳であると思われる。

機械に関する問題や手続き上の困難を防止するための演習は、あらかじめ地上で行われていたわけだから、残る唯一の可能性は、強い月の重力のせいということになるのである。

軽い重力では危険なローバーの安定性

月面で予想される、月面車をコントロールする問題は、1966年に、Lawrence Maisak によって *Survival on the Moon* と題された本の中で議論されている。[14]

Maisak は、弱い重力のために安定性が最も問題の一つになるだろうと述べている。

彼は、車の横転を防ぐために、重心を低くして輪距を広くするべきだと述べた。したがって、月面車は、でこぼこの地形の上でスピードを出すために最低でも20フィートのホイールベースを必要とするだろうとした。しかし、ホイールベースをあまり長くすると、前

第5章　月面での宇宙飛行士の体験

後の障害物をクリアーしにくくなるだろうというのだ。

Maisakが考えた車体は、直径7フィートの円筒であり、地面に対して3フィートの間隔がある。

そして、重心を地面から6フィート以内に保つためには20フィートの輪距が必要になる。(1/6)Gの中ででこぼこの地形を走れる車を設計しようとした彼は、地球の車であれば容易にひっくり返るような重力の中で、岩を乗り越え、なおかつ安定性を維持できるような車の設計を提案した。

付録Fでは、月の重力が地球の1/6である場合、ローバーがどのような運動性能を示すかを決定するための分析が行われている。

ローバーは、月面で、主に砂ぼこりと岩に直面した。この種の地面は、一般的な舗装道路よりも粘着摩擦が少ないと想像される。

ローバーの地球での最大荷重は、1,540ポンドであった。(1/6)Gの下でその車を滑らせるには、わずかに128ポンドの力が要求されるだけである。したがって、その車が最大速度10.2 [miles/hour]で走っているとき、その車輪が84フィートに満たない曲率半径で向きを変えたなら、その車は滑り始めるだろう。

時速5マイルの場合でも、その最大曲率は20フィートになるだろう。急なターンが車をひっくり返すかもしれないので、ドライバーは突然方向を変えないように注意する必要がある。

宇宙飛行士たちの重い生命維持装置は、月面から5フィートの高さにあるため、ルナ・ローバーの操縦は特に危険になるだろう。

実際につくられた車の座席は、地面から約3フィートの位置にあ

るが、宇宙飛行士を含めた800ポンド（地上での値）の重さの大部分は、十分これより上にある。

しかも、輪距は6フィートとなり、安全値の1／3にも満たない。このように、ルナ・ローバーは、上記の Lawrence Maisak によって提案された月面車の設計指針に従っていないのだ。

月面車に働く最大制動力は、月面でのその重さにも依存している。（1／6）Gの下では、車輪をロックすることによってわずか128ポンドの制動力しか働かない。

これは、1秒間に2.68［feet/sec］だけ車の速度を減少させる。この割合では、10.2［miles/hour］で動いているローバーを止めるために、ほぼ6秒の時間と42フィートの距離を要する。これは、あくまで地面が平らで障害物がない場合である。

しかし、月面では、ローバーを傷つけたり倒したりするような大きな岩やわだちが避けられないだろう。

（1／6）Gの月面でドライブするローバーが、危険な乗り物であると考えることは困難ではない。もし（1／6）Gの環境が存在するなら、ローバーによって険しい丘陵を登り降りすることは自殺行為に等しいとさえいえる。

したがって、このようなものが使用に耐えること自体、月が地球とほぼ等しい強い表面重力を持っているという明白な証拠になる。

月面での"グランプリレース"は大事故だったはず————

アポロ16号では、宇宙服にさらに多くの改良が加えられた。

NASAは、より柔軟な宇宙服を補強するため、そしてロケット

第5章　月面での宇宙飛行士の体験

発射時に完全な分離を行うドッキング放出用装置を改良するため、その打ち上げを1972年3月17日まで延期した。[15]

そして最終的には、アポロ16号は月面活動において新しい発見を行い、有益な情報を提供した。

読者は、この章の初めに取り上げたJohn Youngのジャンプを思い出されるだろう。彼は、アポロ15号の改良版よりもさらに優れているはずの宇宙服を着て作業していた。この最新の宇宙服は、1968年に初めて発表されたHamilton Standard社のデザインに匹敵するほどのものだった。

アポロ16号の最初の船外活動で、YoungとDukeは、ローバーIIを実際に試してみた。

着陸地点の近くでYoungがローバーを最大限に加速したとき、その速度は時速17kmに達した。

Lewisによれば、その地面はデコボコだったので、その車が素早くターンを切る時に、"グランプリレース"のような運転によって、それがどのように走れるかを試したいと思っていた。[16] しかし、明らかにその試験走行は、(1/6)Gの環境であれば大事故を引き起こしたにちがいないのだ。

アポロ16号の月面活動初日の終わりに、"ホット・マイク"の問題が起こった。

宇宙飛行士たちの会話がラジオやテレビの放送に乗ったりして、第三者が聞いていることを彼らが知ったとき、彼らの発言が慎重になるということは、以前から示唆されていたことだった。

Lewisの報告から得られた事件の概略を述べよう。[17]

YoungとDukeはマイクの電源が切れていると思い、普段使っている言葉遣いよりも、本能的な、分かりやすい言葉で話し始めた。
　ヒューストンはそのときYoungに合図を送り、ホット・マイクの最中であることを彼に伝えた。Youngはわびて、ホット・マイクの状態であることは、ときとしてまずいことであると述べた。ヒューストンは、彼らが放送中であることを知らなかったのを考慮して、彼らにほめ言葉を与えた。

　上記の話から、宇宙飛行士たちがヒューストンによって注意深く監視されていたことが分かる。
　また、マイクの電源が入っているとき、彼らは発言を自制していた。
　上記の例では、彼らは、通信機器の障害によって会話が放送されていないと判断したと思われる。

　この種の暴露情報は、例外的な出来事として受け取られ、無意味かもしれない。しかし、大規模な隠蔽を指摘している本書に示された情報を背景に考えると、この小さな出来事には大きな意味がある。

重力に関する会話は禁止だった─────

　Charles Dukeは、月面でつらい時間を過ごしたようだ。
　彼は何度も転んだので、それを示す一連の写真が多くの新聞に掲載された。
　信じられないことだが、これらの転倒は、報道機関によって、月

第5章　月面での宇宙飛行士の体験

の弱い重力の証明として実際に紹介された。

　本来であれば、物体が（1/6）Gの中で落下するとき、その落下に要する時間は地上の場合のほぼ2.5倍なので、Dukeにはバランスを取り戻すための十分な時間があったはずだ。

　Dukeが最も柔軟で最新の宇宙服を着用していたことを考慮すると、彼がしばしば転倒したことは一層の驚きである。

　アポロ17号の目的地は、Serenitatis盆地の南東にある山系に囲まれた峡谷だった。

　CernanとSchmittは、最初の船外活動を、ローバーを展開して荷物を積み込むことから始めた。

　Cernanがかかわった興味深い次の報告は、"The Voyages of Apollo"から要約されている。[18]

> Cernanは仕事にとても熱中していたので、キャプコム（Capcom：Capsule Communicator　宇宙船交信担当官）であるParkerは、彼の代謝率が上昇していると本人に警告したと思われる。これは、彼が酸素を余計に消費していたことを意味する。
>
> Cernanは、今までこれほど冷静さを失ったことはないと答えてから、Parkerに、これからは気楽にやることを暗に伝えた。それは、"ゼロG"の中で自制することに慣れたためだと思うと、彼はParkerに言った。
>
> Parkerは、そのとき、Cernanが1/6の重力で作業していると思うと述べた。
>
> これに対するCernanの返事は、「そうだ。だから我々が…どこにいようと」と、漠然と答えた。

月の重力に対する以上のような Cernan の回答は、彼がその議論を避けたかった、ということを暗示している。おそらく Parker はその強い重力環境に気付かず、Cernan を困惑させるような質問をしたのだ。

　アポロ17号の残りのミッションは、科学実験に当てられた。
　Schmitt は地質学者だったので、多くの実地研究が月の岩石サンプルとともに行われた。
　さらに比重計、大気組成検出器、そして地下に水や氷が存在するかどうかを検知する装置を用いた実験が行われた。

　大気の実験はアポロ15号と16号のミッションの一部でもあったため、大気の濃度が研究に値し、しかも以前のミッションでの発見が、それをさらに別の場所で測定する必要性を指摘したと結論付けることも無理ではない。

　もし月が、科学者たちによって主張されている程度の真空であったなら、大気について繰り返し測定する必要はなかったはずだ。月の真空状態の仮説が、月の弱い重力に基づいていることは興味深い。大気を保持するには大きな重力が必要だからである。

　これらの考えに留意して、(1/6)G 説に基づいた月の大気の理論が第6章で説明されている。また、強い月の重力の影響も示されるだろう。

第6章

宇宙計画以前の、月の大気の理論

正統派の科学は、常に、月は完全に空気のない世界であると主張している。

その第一の理由は、月の弱い重力（1/6）Gではほとんど大気を引き付けておくことができないからである。

充分な大気の存在を示すものがあったとしても、ほとんどの正統派科学者には無視されるだろう。それは、彼らが最初から月の弱い重力を確信しているからだ。

だが、強い月の重力の証拠はすでに示されている。この章の目的は、大気を持たない月に存在するであろう条件の全体像をはっきりと与えることである。

充分な濃度の大気が存在する証拠が後に示されるとき、その隠蔽の限界が明らかになるだろう。

月面で予想される次の分析は、1969年、*U.S. News & World Report* の執筆者たちによる "U.S. on the Moon" に記されている。

> 月がかつて大気の構成要素を生み出していたとしても、月の重力が弱過ぎるために、地球に生命を与えた酸素、窒素、および

その他の気体は宇宙空間に逃げ出しただろう。そして、大気がないことによって、水もその表面に存在しないだろう …。

月の表面から空を眺めるとき、宇宙も全て無味乾燥なものに思われるかもしれない。星は一日中見ることができるが、決して瞬くことがない。なぜなら、月にはその原因となる大気が存在しないからである。広大な宇宙空間は、真っ黒だ。月から見る太陽は、耐えられないほど明るい球に見えるが、その周囲の空は真夜中のように黒い。[1]

月面が真空なら、チリは存在しない

真空である月の表面の性質は、簡単な実験によって予測されている。

そのような実験の一つは、Franklyn M. Branley の著書 *Exploration of the Moon* の中に見出される。その概略を紹介しよう。[2]

> マサチューセッツ州 Cambridge にある Smithsonian 天体物理観測所の Fred Whipple は、細かなチリは、その間を流れてそれらを分離させる気体がないと、しっかりと固まるだろうと主張した。
>
> その結果、Whipple と彼の支持者たちは、チリは月面で非常に圧縮されるため、人やその乗り物を支えられる固い表面が存在するだろうと主張した。
>
> これを証明する実験は、North American Aviation 社の Dwain Bowen によって行われた。鉄の球が、細かい粉のような粒子の容器に放たれると、それはすぐに沈んだ。同じ条件で、その

球が真空に近い状態の中で落とされたとき、球はその表面で止まった。細かいチリでできた表面は、極めて圧縮されるので、その球を支えることのできる半固体がつくられるのだ。

ウエルナー・フォン・ブラウンでさえ、彼の1971年の著書 *Space Frontier!* の中で、上記の論理に賛成していると思われる。[3]
「自分と多くの人々は、月面にはやわらかいチリがほとんど存在しないと考えている。真空中のチリ、たとえば月面のチリはしっかりと固まっていて、しかも隣り合ったチリは、軽石のような物質に融合することを単純な実験は示している」と彼は述べた。

以上のことから、真空に近い状態ではチリが存在し得ないことが明らかである。もし月の表面重力が地球のわずか1/6であったなら、月は大気を引き止めておくことができないし、その表面は圧縮された泥とほぼ同じ硬さになるだろう。

風化作用がない月面は、切り立った山しかない────

月についてのもう一つの昔からの考えは、風化や浸食の形跡が見られないだろうというものである。

これは、風化と侵食が本来、雨や風のような大気現象を原因としているからである。

真空の中で、雲や雨、あるいは大気による風はあり得ない。したがって、かつては月が起伏のあるギザギザの地形を持ち、その山脈は丸みがないか、あるいはほとんどない、という一致した見解があった。

もし何らかの侵食や風化の影響が発見されたなら、それらは火山活動、隕石または流星塵の衝撃、温度変化、あるいは太陽風が原因でなくてはならないだろう。
　太陽風は、太陽からの水素やヘリウムガスの超音速流であり、太陽系を絶え間なく吹き抜けている。

　そしておそらく、月の表面には水が存在しない。それは、暑い昼の光が水分を蒸発させ、そしてその弱い重力は、水が宇宙空間へ逃げていくのを防ぐことができないからである。
　空気と水が存在しないと、火山活動と隕石によって生じた変化以外に、その表面には色の変化が起きないだろう。季節ごとの色彩の変化は、気象と植物がなければ決して生じないはずである。

　月の昼間は、地球の昼間より28倍長い。したがって、太陽が日の出から日没まで月の空を横切るには、14日間（地球の1日を基準とする）を要する。
　月の夜も、地球の夜より28倍長い。大気がないこと、さらに昼と夜のサイクルが地球よりも28倍長いことによって、月の1日の温度は500°F（260℃）以上変化するだろう。
　月の昼間が長いことによって、その表面はより高い温度に達し、また大気の欠如によって、熱はすぐには放出されないだろう。なぜなら、月の表面から熱を運び去る空気が存在しないからである。
　夜間は、その逆の状況が起きるだろう。月の表面の熱は、大気が存在する場合よりも素早く宇宙空間へ放出されるだろうし、長い夜は、その温度を極端に低下させる。地球の大気は、夜間その表面の熱を逃げないようにし、日中はその表面温度が上昇し過ぎないようにする、熱の貯蔵庫として機能している。

第6章 宇宙計画以前の、月の大気の理論

　昼間でも、日陰と日なたの間で月の表面温度に大きな違いがあるだろう。

　これは、陰になった地面の熱が急速に放出されるのに対し、日の当たる場所の熱はそうならないからである。この効果は、地球の海抜の高い所で発見されているが、原因はその希薄な空気にある。

　日陰と日なたの温度差は、別の問題も引き起こす。

　太陽光にさらされない物質は、低温のためにもろくなり、ほとんど刺激がなくても粉々に砕けるだろう。太陽にさらされた物体は、触れることができないぐらいに熱くなるはずだ。一部だけが太陽にさらされた物体は、照らされた側と陰の側の温度差によって、破壊的に大きな張力を受けるだろう。

　月面上の宇宙船や観測機器は、もし適切に保護されなければ、これらの問題に直面する。もし宇宙飛行士が同じ場所に長時間居続けるなら、片側が焼かれ、別の側は凍りついてしまうかもしれない。宇宙飛行士が、太陽にさらされた岩や月面車の座席に座った場合、防護服がないと火傷を負うだろう。

真空中では光の散乱は起きない────

　光の散乱は、大気がないので起こり得ない。影は、他の物体の表面で反射された光によってのみ照らされるだろう。これらの他の光源がないと、影と、影の中の物体は、完全にとはいかないまでも、ほとんど見ることができない。

　太陽の円盤像はどの写真でもはっきりと分かり、暗闇は太陽のコロナにまで広がっているだろう。大気による散乱や屈折が起らないために、太陽周辺のハロー（かさ）を見ることはない。そしてまた、

空中のチリとそれを支える大気がないので、光の散乱がなく、夕焼けや朝焼けも起きないはずだ。

大気がないと、隕石が月の上空で燃え上がる様子は見られないはずだが、月面上での流星の観測例が存在する。また、星が月によって掩蔽(えんぺい)されるとき、大気による屈折現象は見えないはずだが（訳注　掩蔽：一つの天体が他の天体の前面を通過すること）、しかし実際は、星や他の惑星が月によって食されると、それが起きるのだ（訳注　食：一つの天体の影が他の天体の表面を通過すること）。

つまり、もしその惑星が大気を持っているなら、その近くにある星は屈折によって薄暗くなり、赤みを帯びるようになる。それは他の星と比べて動いているようにも見えるが、実際にその惑星の円盤像によって隠された後、わずかな時間だけ見える状態が続く。また、この屈折、つまり光が曲がることによって、その星は、大気がない場合よりいくぶん早く、その惑星の反対側に再び現れる。

月に大気が存在するからこそ、日食の間、太陽は月の大気を通じて輝き、これによって、月の周囲には屈折によるハローが生じるということになるのである。

最初に示した定説に基づく実験によれば、チリは真空中には存在しないのだから、月の探検者たちが苦労したようなチリの問題は起きなかったはずだ。

たとえ彼らが何とかしてチリを作って自分たちに付けたとしても、その細かなチリは接着剤のように彼らに絡みつくだろうから、取り除くことはほぼ不可能だったはずである。

また、大気がない場合、注油されていない可動部分を持つ普通の

第6章 宇宙計画以前の、月の大気の理論

機械は動かなくなるかもしれない。一般に、大気中では、その表面にある空気分子の層は、これらの表面がくっ付いたり、あるいは固定したりするのを妨げる傾向がある。しかし、真空中では、全ての表面は非常にくっ付きやすくなるのだ。

　強い月の重力は、結果として、古い月の真空理論に打撃を与える。
　強い月の重力は、大気の存在を暗示している。なぜなら、その星から絶えず放出されている揮発性の物質や気体は、その重力を逃れられないからだ。
　強い重力下では、すぐに月表面の空気密度は基本的に変わらない平衡状態に達するだろう。そして、その気圧は、地球と同様に、その海抜に依存するだろう。
　十分な大気が存在するという証拠は、月の強い重力の証拠でもあると考えるべきだ。

　一つの主張の証明が他の主張を証明する。月の十分な大気は、雲、気象、浸食、水、植物、そして動物が存在する可能性を意味している。ただ、それらの状態は、長い昼と夜のサイクルがあるので、地球と同一ではあり得ない。

　次の章では、月の真空説に対する批判が、（1/6）Gの議論と同じくらい価値のあることが示されている。NASAの隠蔽の中で、驚くほどの数の失態が、月に地球のような大気が存在するという多くの証拠を提供している。
　さらに、NASAが提供した証拠に加えて、別の多くの情報源も存在している。これらについても詳しく調べてみよう。

第7章

月の大気に関する信じ難い発見

　アポロのミッション中に、月が地球のような大気を持っているという多くの兆候が存在した。

　テレビの解説者やリポーターたちは、これらの兆候を無視したらしく、月には空気がないという公認の考えに同意した。

　その真空の理論を否定する証拠が、この章で提示される。

　前章で示された従来の考えを、その証拠に照らして検討してみよう。

月面はチリだらけだった────

　チリは、真空中には存在しない。しかし、読者はおそらく、宇宙飛行士たちが月面でそのチリの中を歩くのを見たことがあるだろう。

　宇宙飛行士の Neil Armstrong が初めて月に降り立つ直前に、彼はその表面を「細かい粒状で、ほとんど粉のようだ」と表現した。[1] そして月面に降りると、「表面は細かい粉状だ」と言って、彼の最初の観察を確認した。

　彼はつま先を使って、それをどう持ち上げたのか、そして細かい層になっているチリが彼のブーツにどのように付着したのかを述べ

た。彼は、「ほんの少しだけ入った」と言った。それから彼は、細かい砂粒の中に、自分の「足跡を見ることができる」と述べた。[2]

正統派の科学者たちは、チリが存在することを認めているが、彼らは、月には十分な大気があるということを否定し続けている。

チリは真空中には存在し得ないので、月には大気がなければならない。

アポロ11号は、月の低地である"静かの海"に着陸した。

もし大気が存在したなら、低地での大気濃度は、他のどこよりも高かっただろう。

アポロ12号も、高度ゼロ付近の"嵐の大洋"に着陸したので、そのミッション中に、大気のさらなる証拠が予想されたはずだ。確かに、その着陸直後、12号のConradは、以前11号のNeil Armstrongがいた所よりもかなり埃っぽい所にいると思うと述べた。[3]

アポロ17号も埃っぽい状況に直面した。読者は、アポロ17号のローバーの写真を思い出されるかもしれない。そこには、後輪から舞い上がった砂ぼこりである"雄鶏の羽"があった。その砂ぼこりは、ローバーの後ろに舞い散っただけでなく、あらゆる方向に舞い上がって、宇宙飛行士たちに降り注いだ。

アルミ箔は風で支柱に巻き付いた————

アポロ11号の太陽風組成観測装置の展開された様子が、**口絵写真11**である。これは、長さ4フィート、幅1フィートの非常に薄いアルミ箔であり、支柱から真っ直ぐ吊り下がるようになっている。太陽風の粒子を受け止めるように設計され、採取された粒子は地球に持ち帰って分析される。

第7章 月の大気に関する信じ難い発見

同じ作業は、アポロ12号ミッションでも行われた。

その作業に関係するアポロ12号の事件は、Lewis の報告から、次のように要約されている。[4]

2回目の船外活動の前に、Bean 宇宙飛行士は、LM（月着陸船）の窓からあることに気付いて困惑した。宇宙飛行士たちが最初の船外活動の後、LM に入ったとき、太陽風採集器は真っ直ぐ吊り下がっていたのに、Bean はキャプコム（宇宙船交信担当官）に、「そのシートが前で膨らみ、両側で後ろに曲がって、支柱の周りで風を受けた帆のように見える」と報告した。

キャプコムは、「本物の太陽風を捕えたのだろう」と答えた。

Bean は、「冗談を言うな」とキャプコムに答えた。

キャプコムは別の説明を与えた。「前の方が、後ろよりも熱によって膨張している。後方は熱を放出しているが、前方は熱量の差が生じて熱いのだ」

キャプコムは、その見解について管制センターの職員から承認を受けている、とも述べた。

Bean はそれでも、「それがまだ支柱に絡み付いて、風が吹き付けているように見える」と主張した。

宇宙飛行士たちが2回目の船外活動のために LM を離れた後、キャプコムは、Conrad に太陽風組成シートが支柱に絡み付いている写真を撮らせるようにと、Bean に言った。Conrad がその撮影を準備していると、もう一つの驚くべきことが起きていた。そのアルミ箔は、もはや支柱に絡み付いているようには見えなかったのである[5]（恒常的な熱の作用で変化したのではなく、一時的な風の作用のように元に戻っていたということ）。Conrad は、それは宇宙船内部からの錯覚に違いないと、Bean

に伝えた。Bean は、このことをヒューストンに報告した。

この事件の分析は、以下のようになる。

科学者たちは、月に大気が存在しないなら、月面で太陽風が十分に測定可能であると予想した。太陽風粒子の主要成分は、時速1,000km以下で飛来する水素とヘリウムであると思われている。しかし、太陽風は非常に小さく、その水素原子密度は、太陽活動が静かな期間なら、1cm³当たり1個から30個の間で変動するだけである。

太陽風原子密度を4［個/cm³］と仮定すると、10^{-8}［ダイン/cm²］の衝突圧力が生じる（訳注　ダイン：力の単位；1ダインは、質量1gの物体の速度を、1秒間当たり1［cm/s］増加させる力）。もし、活動的な太陽に対して、その10倍の圧力が仮定されるなら、その圧力は34×10^{-15}［pounds/inch²］になる。この圧力は、特別に設計された高感度の測定器がなければ測定できないだろう。

地球の平均海面での標準気圧は、1平方インチ当たり14.7ポンドである。地球において、かろうじて感じられる時速1マイルのそよ風の圧力は、0.000018［pounds/inch²］であり、それはブラインドをわずかに動かす程度だろう。それでも、これは太陽風の強さの530億倍である！

組成シートが支柱に対して後ろに曲がったのは、明らかに太陽風のせいではなかった。

キャプコムが本物の太陽風のアイディアを示唆した後、Bean は、キャプコムが考え付いたらしいジョークに言い返した。Bean は、太陽風が原因でないことを明らかに知っていた。キャプコムも確かにそれを知っていたが、その漏洩を取り繕おうとしたのかもしれな

第7章　月の大気に関する信じ難い発見

い。キャプコムはそのとき、ある説明で反論したが、それは、太陽風シートが不思議なことに真っ直ぐに戻ったとき、崩れ去ったのだ。

キャプコムは、シートの手前が後ろよりも膨張していることを示唆した。これはもちろん、太陽にさらされた物体に起きるが、他の証拠はこの説明を否定している。

まず第一に、そのシートは何時間も日なたに設置されていたが、何も目立った影響がなかった。もし月が真空であったなら、そのシートは太陽によって急速に加熱されるので、その歪みは直ちに起きたと言ってよいだろう。いったんシートが曲がってしまうと、その状態は、それが取り外されるまで続くだろう。太陽は、彼らの旅行中に、ほんのわずかしか動かない。したがって、その曲がったシートをつくり出す条件は、ほとんど変わらなかっただろう。

キャプコムがその熱膨張を提案した後、彼は他の管制センター職員からそのアイディアの承認を受けていると言った。明らかに彼らは、それが一般大衆と他の科学者たちに受け入れられる説明になると考えねばならなかった。

Bean は、それは吹き付ける風によって支柱に絡み付いているように見えると答えた。Bean の発言は、はっきりしている。彼は、そのシートの曲がった原因が太陽風ではなく、本物の風であると確信したのだ。

太陽風のアイディアの後で、風にこだわった彼の発言は、すでにキャプコムに拒否されていたが、Bean 自身は、キャプコムの説明を無視したように思える。大気の存在を示す証拠が、彼の心を強く捉えたのかもしれない。

熱膨張の説明に対する決定的な打撃は、Conradがその曲がったシートの写真を撮りにいったときに起きた。それは、不可解なことに、短時間で真っ直ぐになっていたのである。

　先に説明したように、真空の下では、こんなことは起きないだろう。

　錯覚についてふれたのは、おそらく、元々持ち出すべきでなかった話題についての会話を終わらせる手段だったのだろう。うっかり秘密が漏れた場合、キャプコムと宇宙飛行士たちは可能な限りそのセキュリティー違反を取り繕わねばならなかった。Beanは訓練された宇宙飛行士であり、どうやら錯覚に騙されなかったようである。

　もし月の大気が太陽風組成シートに目立った動きを生じさせるなら、それはかなり高い濃度でなくてはならない。いくつかのアポロ・ミッション中、宇宙飛行士たちによって蹴り上げられたチリは、その空間を漂う傾向があった。これは、濃い大気の証拠である。

　加えて、初期のアポロ・ミッションのいくつかでは、アメリカ国旗が際立って波打っていた。最初の頃のアポロ・ミッションの旗は、それを立たせるために、そのてっぺんに沿って水平に支える竿が付いていた。それでも、その旗は微風によって時々曲がり、あるいは波打った。

　筆者は、アポロ14号の、国旗を立てるセレモニーを写した記録映画を入手した。このフィルムを丁寧に分析すると、宇宙飛行士たちが旗に触れていないときやその近くにいたときでもその旗がふくらみ、波打っているのが分かる。

　セレモニーが終わって宇宙飛行士の一人がその旗から離れたと

き、旗は前後に波打ち始めた。そして、**口絵写真12**にあるように、二人の宇宙飛行士は、その旗が風で揺れる様子を隠そうとしてムービー・カメラをさえぎった。

　旗の近くにいた宇宙飛行士は、カメラに向かって走り出し、いっぽう、別の宇宙飛行士は、カメラ・レンズの前に自分の腕を重ねた。しかし、すでに遅過ぎた。全ての懐疑論者には、このフィルムを自身の目で見てもらいたい。そして、月の濃い大気以外の論理的な方法によって、波打っていた旗の説明を求めたい。最も懐疑的な人でさえ、このフィルムを見れば納得するはずである。

　このアポロ14号のフィルムは、1980年に、カリフォルニア州ハリウッドにある会社、Movie Newsreels から購入したものである。

　アポロ16号では、すでに公表された波打つ旗の証拠について、大衆の考えを改めさせるような試みがあった。今度は、固く糊付けされた旗が広げられて、その形を保たせ、以前のように空気のない世界で波打つように見せるために、支柱を回したりした。そんな意図を強調するテレビ番組がそのとき展開されたが、隠された本当のねらいは、風にほとんど影響されない旗を作ることだった。

月の空は意外に明るい

　光の拡散を示す写真は、月の濃い大気の最も確実な証拠の一つである。

　口絵写真13には、アポロ14号の機材運搬装置（MET）から、月面、月着陸船、そしてタイヤ跡が写っている。それは、月の表面と水平線への射光を示している。太陽からの光の拡散が非常に大きいので、空のほとんどが照らされている。

読者は、前章にあった「真空中では太陽は極端に明るいが、その周囲の空は完全に黒くなる」という説明を思い出されるはずだ。
　その他、アポロ15号の宇宙飛行士Scottが、Apennine山脈を背景にしてHadley三角地帯の斜面に立っている写真や、アポロ16号の宇宙飛行士Dukeが深いクレーターのふちでサンプルをすくい取っている写真の空は、非常に明るく、月の大気を通じて光の拡散をも示している。それは、濃い大気の証拠を提供している。

　最も問題になった写真は、1969年12月12日発行の雑誌ライフの表紙に現れた。それは、月面で観測機器を準備しているアポロ12号の宇宙飛行士Beanを写している。彼は、ハロー（円光）のようなものに包まれている。[6]
口絵写真14がそれである。
　他の月面上の宇宙飛行士の写真には、このハロー効果らしきものが見られないので、次のような結論になるだろう。
　NASAは、目に見える大気の証拠を隠そうとして、その空を全て黒くし、あるいは修正したが、ごくわずかな写真はそれを免れた。Beanの周りに現れたハローは、彼の周囲の空を消し去る、あるいは隠すときの、お粗末な仕事の結果だったということだ。
　この光の効果は、この写真では非常に目立っていたので、他の写真にも現れたはずだが、そうはならなかった。
　他のライターたちは、それが月の真空の中で見えるようになる宇宙飛行士のオーラ、あるいは輻射エネルギーの放出であると考えた。それが一貫して現れていたなら、これはそれなりに説得力があったかもしれないが、他の写真を考慮すると、的を得た解釈とは思えない。
　それがなぜ起きたかについて、NASAはあえて大衆に合理的な

第7章 月の大気に関する信じ難い発見

説明を与えなかった。彼らは、単にそれは宇宙服からの見かけの反射であると考えた。しかし、これは理解しがたい。なぜなら、その現象を説明するためには、"見かけの反射"は、彼を取り囲む空間にある物から反射されたはずだからである。

真空中では、カメラはただ、その写真の中の各点から直線状に伝わる光の光子を捉えるだけだ。したがって、Bean は水平線上の空間の真っ黒な空に包まれていたはずである。彼を包んでいる反射された光の量は、非常に大きいので、大気の存在以外にそれを説明することはできない。

月の写真から青い空がどのように除去されたかを示すよい例は、アポロ14号の映画フィルムの中の、宇宙飛行士 Mitchell が月着陸船のはしごを降りるシーンである。

彼が降り始めたとき、空からの光の拡散が強烈だったため、空全体はほとんど白色で、青い影ができていた。さらに、大量の光のせいで、Mitchell と月着陸船の細部を見ることは困難だった。信じられないことだが、彼がさらにはしごを降りていくと、白と青の空は次第に明るい青へ、その後暗い青へと変わり、彼が月の表面に達したときには、極端に暗い青、もしくは黒に変わったのである。

そのときには、細部の輪郭が明瞭になり、光の拡散は、あったとしてもごくわずかになった。そのあとのシーンは、前にふれた国旗セレモニーであり、その空は非常に暗い。

この Mitchell のシーンは、カメラがフィルター機能を持っているか、あるいは地球へ帰った後にそのフィルムが修正されたことを示している。少なくとも、この出来事は、青く、濃い月の大気の証拠を提供しており、すでに取り上げた波打つ旗による証拠を援護し

ている。

そしてそれは同時に、月の写真や映画フィルムの青空を除去することが技術的に可能であることを示している。

口絵写真15は、青空を示す映画の場面から取られた一コマである。Mitchell は、LM のはしごを降りている。

霧や雲の観測歴の存在――――

月面のも・や・、雲、そして表面の変化は、さまざまな時代に観察されたと言われている。そのような多くの観測は、"How Dead Is the Moon?" と題された Paul M. Sears の記事に引用され、1950年2月発行の *Natural History* に現れた。

次の解説は、この記事に引用された観測のあらましの一部である。[7]

> 月の大気を証明する薄明に加えて、さらに際立った証拠は、明るい移動性の点の観測によって与えられている。それは、月の大気中で光る隕石であるかもしれない。不安定な所として知られる奇妙な暗い地域が、毎月出現している。それは、太陽が昇ると拡大し、それ以外の表面に比べて暗くなっている。これらの場所のいくつかは日没に向かって消えてしまうが、他の区域は夜が支配するまでそのまま残っている。これらのスポットは月によってサイズや形が変わることがあり、いくつかのスポットはたまに出現しないこともある。まばらな雲が時折月の表面を漂うと思われ、表面の細部を不明瞭にしている。これらの雲のいくつかは、それ自体の影によってその輪郭が分かり、そして雲が他の地域よりも頻繁に見られる地域がある。たとえば、19世紀の6人の天文学者たちは、プラトー・クレーターの底の

第7章 月の大気に関する信じ難い発見

細部を見えなくさせるも・や・を見たと主張した。

前記の発見をした天文学者たちは、重要視されなかった。それは、月の（1/6）Gによって、これらの現象は起きてはいけなかったからだ。

1960年に書かれた *Strange World of the Moon* の中で、V. A. Firsoff は、熟練した観測者たちが月食と月の昼間に暗い模様や明るい点の変化を記録していると述べた。彼は、それらの現象の局地的なフェイドアウトに言及した（訳注　フェイドアウト：映像が次第に消えていくこと）。赤い光や光る点だけでなく、霧や雲に似た部分と陰が、すべてある地域に繰り返し現れるのが観察されている。Firsoff は、これらの現象の全てがたんに光の当たり方、あるいは地球に対する月の位置のせいではあり得ないと述べた。

Firsoff によれば、月の Alpine には明るい地域が存在する。Alpine では、その周辺地帯が鋭い地形であったとしても、その頂上のいくつかがときどき不明瞭に見える。

さらに、ピカール・クレーターに近い"危難の海"の南東部では、地形のはっきりしない状態がいくつかの地域で何年も続いていて、完全に表面の細部を隠している。[8]

Firsoff は、太陽の真下よりも赤い、月の明暗境界線の近くに見られる太陽光に言及した。彼は、小さな結晶と混合した気体による散乱以外にこれを説明することは困難であると述べた。[9]

他の緑、茶、青、そして紫の色彩が、月の海やクレーター内部で観察されている。その濃度、位置、そして範囲の定期的な変化は、その色の効果が、太陽の熱量に依存する物理的、あるいは化学的変

化によって起きることを暗示している。Firsoffでさえ、生物の活動がその観察記録を説明するかもしれないと考えていた。[10]

上記の考察は、NASA が提供した、十分な大気の証拠に信頼性を付け加えている。

月のふちで見られる星や太陽光の揺らぎ

月による星の掩蔽(えんぺい)は、大気の存在に対するさらなる証拠である。

Charles Fort は1923年に *New Lands* というタイトルの本を書いた。その中で彼は、月によって掩蔽された星についての多数の観測を議論した。[11]

明らかに、月によって掩蔽された星の見かけの運動は、その当時、Fort が月に大気があることを確信するくらい、普通に観測されていた。不運にも、その掩蔽に関して収集されていたデータは、月のデコボコした輪郭によってそれほど確定されなかった。そのうえ、そのデータには非常にムラがあったため、大気濃度の見積りは当てにはできないとされた。

だが、その掩蔽の測定は、大気濃度というより、大気そのものがあることを立証している。

日食のハローは、月に掩蔽された星と同じ問題をいくつか抱えている。1979年4月発行の雑誌ライフのカバーに載った日食の写真は、このハローの効果を証明するかもしれない。

しかし、批評家たちは、そのハローが月の大気ではなく、完全に太陽のコロナから成り立っていると主張するかもしれない。少なくとも、太陽のフレアーを無視すると、そのハローの厚さは、月面の上空150マイルの高度では大気がほとんど感知されなくなることを

第7章　月の大気に関する信じ難い発見

示している。この高度では、月の大気濃度はごくわずかになるだろう。月の大気は非常に希薄になるので、太陽の光と、その希薄な空気の分子との相互作用が影響することは全くないだろう。

　月の大気についての結論は、大気中に浮遊する細かいチリや水蒸気の範囲を考慮していない。これらの粒子は、大気中の光の拡散を支配する最大の要因であるかもしれない。
　月の大気は、おそらく高い割合のチリ、氷の結晶、そして水滴を含んでいる地球の大気と違って、純粋な気体のように光を散乱させるのだろうと Firsoff は述べた。Pic du Midi 天文台の高度（約 2,850m）でも、地球の大気は、大気中の大きな粒子のために、Rayleigh による気体中の光散乱の式が予測するよりもかなり長い波長の光を散乱させるだろうと彼は述べた。[12]

　月の長い昼と夜のサイクル、そしてその表面には大量の水がないために、月には地球と共通するほどの強い風や他の気象条件がありそうにない。したがって、その大気はおそらく地球よりもかなりきれいだろうし、光の拡散と散乱の影響は極めて小さいだろう。加えて、朝焼けや夕焼けの効果も地球ほど大きくなく、日食時の大気のハローも目立たないだろう。星の掩蔽は、予想されるほどはっきりしていない。そして、その発見の解釈は、月は極端に薄い大気を持っている、ということになるだろう。

　だが、その大気の濃度は、目に見えなくても、地球と同じか、あるいはそれ以上かもしれない。

　したがって、地球と月の大気が、同じようにつくられたと仮定す

ることは論理的である。大気はおそらく、地殻上部からの固形物やガスの放出によってつくられている。地球や月のような天体は、もしそれらの重力が同じで、大気を保持するほど十分な強さであるなら、同じ厚さの大気を持つだろう。もしそのうちの一つがより弱い重力を持つなら、その大気はより厚いものになるだろう。なぜなら、その天体のガスは、より強い重力を持った天体の大気よりも程度は低いが、圧縮されないからである。

大気の厚さは、重力場の大きさに逆比例する。これは、圧力と体積に関する気体の法則から、結果として起こる。気体の法則は、限られた気体の体積が、それに加えられた圧力に逆比例することを述べている。つまり、圧力が2倍になるなら、その体積は半分になる。

月面を横切る光点は流星なのか―――

もし、月が地球と同じだけの大気を持っているなら、それを示す直接の証拠があるだろうか。

先に引用された Paul M. Sears の記事によれば、1930年代に月を観測した天文学者たちは、月にぶつかっているに違いない隕石の最期について推測し始めた。彼らの計算によれば、10ポンド以上の重さの隕石は、月（空気がないことを仮定）の暗い部分に衝突し、肉眼で見えるくらいの閃光を放って分解するはずであった。そのような閃光は、1年間に100回以上起こるはずである。

実際には、そのような光は過去に2回ないし、3回しか報告されなかった。これは、それらの隕石が、月の表面にぶつかる前に、大気中で焼き尽くされたことを意味している。月は、地球よりもより強固に隕石から守られているようだ。

第 7 章　月の大気に関する信じ難い発見

　この矛盾を説明するために、天文学者たちは、月の表面での大気濃度は地球の1/10,000しかないけれども、月面の55マイル上空の大気濃度は、地球の同じ標高のそれよりも高いと推論した。これは、月の弱い重力のせいであり、月の重力はその表面に近い大気を濃縮することができないからである。

　しかし、もし月の大気濃度が地球表面のそれの1/10,000で、その重力が地球の表面重力の1/6であったなら、月の単位面積上の大気質量、あるいはその量は、地球を守っているそれの6/10,000にしかならないだろう。空気の量は、隕石からその表面を守る最も重要な要素であるにもかかわらず、（1/6）Gが仮定された場合、月には、隕石の焼失の原因となるだけの充分な空気がないことになる。これは、大きな矛盾である。

　Sears の記事によれば、最も明るい流星、地球に落ちる火球として報告される流星は、望遠鏡によってかすかに見えるはずである。したがって、1941年に、月についての最も経験豊かな研究者の一人、Walter Haas は、月の流星を広範囲に探索し始めた。Haas と彼の協力者たちは、月の暗い部分を望遠鏡で170時間探した後、12個の移動する明るい点を見つけた。それらは、月面上のある点に現れ、別の位置で消えた。その観測の最中に、4個ないし5個の地球の流星がその視界を横切った。月の光点のうち、1個ないし2個は地球に落ちた小さな流星だったかもしれないが、残りの現象は月で起きたことを確率の法則は示している。

　月の大気を通過する流星が、地球に落下する流星よりも高い確率で認識される理由を、ここで説明しよう。

アポロのミッション中に行われた測定は、月の裏側に膨らみが存在することを示している。これは、月の表側の大気の密度と厚さが平均値よりもかなり大きいことを意味する。

月の表側が主に海から成っていることは重要である。月の海は、元来、干上がった海、あるいは水の抜けた海の特徴を持っていたために、この名前が与えられた。その裏側は、大部分が山地であることが分かり、地球よりも極端に標高が高い。もし地球の海がその水を失えば、これと同じ状況が地球にも起きるだろう。もし平均的な月の大気の厚さが地球とほぼ同じであるなら、月の表側の大気密度は地球のどこよりも大きいということになる。

濃い大気の驚くべき結果として、月の空気が地球と同じであるなら、宇宙服と生命維持装置は月のほとんどの地域で必要なかったかもしれない。これは、アポロの宇宙飛行士たちが、現実には極端に軽いバックパックを身に着けていた可能性を暗示している。

必要な酸素は、月の大気から供給されていたかもしれない。つまり、宇宙服は、見せかけの活動を広める撮影の最中にのみ使用された可能性があるということだ。

一連の撮影を終えた後、宇宙飛行士たちは、宇宙服とバックパックを放棄して、全く邪魔されずに月の探査や他の活動を続けたかもしれない。しかし、その装備は、他の地域では、ちょうど地球の最も高い山岳地帯のように必要であったかもしれない。

もし地球がその海洋を失えば、多くの山岳地帯や高い台地は、もはや生命を維持できるだけの大気を持たないだろう。その大気は、最も低い場所を求めて、深さが何マイルもある海底を満たすだろう。地球の海はその表面の大部分を占めているため、数百万平方マイルの土地が居住に適さなくなるかもしれない。

第7章　月の大気に関する信じ難い発見

月には水が存在する————

　月は昼と夜が長いにもかかわらず、ある地域には動植物が存在するということも考えられる。月の適当な標高と緯度にある深い谷や盆地は、居住に適さない地域に見られるような、極端な温度に曝されないだろう。地球の極地域に起こる極端に長い昼と夜は、月のある地域にも非常に似かよった状態をつくるかもしれない。そして重要なのは、地球上の生物がこれらの極端な環境にうまく適応していることである。

　これまでに述べた移動する雲は、表面の水を暗示している。
　水分が自然の障害物で閉じ込められる山岳地帯やクレーター内部では、雲がより多く形成されることが観察記録によって示されている。雲が漂うには、それを動かす風がなくてはならない。
　だが、真空であるなら、放出されたガスは、漂うことなく、急速に拡散するだろう。

　月の濃い大気を示すもう一つの形跡は、アポロ宇宙船や月探査機が、月の表面から平均距離70マイルで周回していることで示される。
　NASAは、この高度を選択するために特別な理由を与えなかった。実際に、月に大気がなければ、人工衛星ルナ・オービターの最適な高度はかなり低いはずだ。ルナ・オービターは、写真を撮るために月に送られたのだから、より低い高度を選択すれば、より精密な月面図が作成できただろうからだ。

　アポロの司令船でさえ、この高度で周回していた。大気が存在す

ると、宇宙船や人工衛星は、その空気抵抗による摩擦を避けるために、少なくともその速度を大幅に低下させない高度を飛行しなくてはならない。

宇宙船が低い高度をとれば、大気の影響で、すぐにその軌道から外れただろう。その場合、宇宙船は速度が落ちて燃焼し、墜落する。これは、地球の宇宙船、たとえばスカイラブや他の人工衛星が地球の上空100マイル以上にとどまる理由である。

NASAによって選択された軌道の高度は、おそらく月の大気が理由である。低い高度では、宇宙船は大気に邪魔されて、長い時間を安全に周回することはできない。月の大気の密度は、地球のそれに近いかもしれない。

磁場は大気によって影響される────

月探査計画の重要な発見の一つは、月が非常に微弱な磁場を持っていることだった。月の磁場の存在は、その磁気の原因についての正統派の考えと対立しなかった。なぜなら、小さな鉄の核は、常にそれを説明するために使用され、そしてその核の大きさは、発見された磁気の大きさに合うように調整することができたからである。

惑星磁場の最も有力な要因は、その大気と表面に存在している電荷の回転にあると思われる。これらの電荷は、その惑星とともに回転している。したがって、発生する磁場の強さは、惑星の回転速度に正比例しているだろう。月の回転速度は地球の1％以下なので、月の磁場も地球の1％以下になる。"月分析計画チーム"の一致した見解によれば、月の岩石に見つかった天然の残留磁気は、月がかつては地球の3％～6％くらいの磁場の強さを持っていたことを示

している。[13]

彼らはそれでも、それがどのように発生したかについては、確信がなかった。

回転する惑星は、電気ソレノイドと比較される。ソレノイドは、銅線のコイルである。電流がそのコイルに流されると、磁力が銅線の方向に対して直角に発生する。惑星はその大気と表面にある電荷を運び、そしてこれが、その回転方向に、あるいは東西方向に電流を発生させる。惑星の磁場は、これと直角、あるいは南北の方向に発生する。その電荷が必ずしも惑星表面に対して東西に動いていなくても、惑星自体が回転しているために磁場は生み出されている。他の要因、たとえば表面物質、表面の異常、空洞、風等は、局所的な磁場の方向と強度に影響するだろう。

上記の説明は、地磁気についての既知の事実である。たとえば、太陽黒点は、地球の大気と表面の電荷数を変えて、地磁気に影響する。さらに、太陽から地球に到達する荷電粒子の数の変動によって、地磁気は24時間の周期に従う。

月が鉄の核を持っていないという根拠は、次の章で示される。鉄の核がないと、正統派の物理学者たちは月の磁気を説明することが難しくなるだろう。しかし、惑星の磁気を、鉄の核を用いないで、大気の荷電によって説明するこの新しい方法は、論理的で、全く妥当である。

真空中では星は見えない────

月には大気がないため、月の空には星が見えないという現象につ

いて、何人かの宇宙飛行士が言及している。

しかし、これについては、月面が真空だという NASA の方針を受け入れることで、広く議論されることがなかった。だが、もし月に大気があるのなら、地球の大気と同様に、星の見え方にも影響が出るだろう。

たとえば、アポロ11号ミッションで、月までの距離が13,000マイルを切ったとき、船長の Armstrong は述べている。
「ティコ・クレーターが、かなりはっきりと見える。空が月の周り一面に見える、そのふちにも…ここには、地球照や太陽光がない」[14]
次に Collins もこう述べている。
「今また、星が見える。この旅行で初めて、星座が識別できる。… 空は星でいっぱいだ … 地球の夜側のように見える」[15]
そして「月が太陽の一部を覆い隠し、空がよりはっきりと見えた」ことも、述べられている。

いっぽうで、「大気のない月では昼でも星が見える」という主張があるが、現実には、大気がない場合、ほとんどの星が肉眼で見えないと考えられる。

大気は巨大なレンズのように振る舞い、星の光を拡大させる。星との距離は相当な大きさなので、巨大な望遠鏡でも、そのうちのほんの少しの数だけしか分解、あるいは検出することしかできず、ほとんどの星はかすんだ状態でしか見えない。この見えにくさは、主に大気を通過する星の光の散乱、および屈折が原因である。

したがって、真空中で宇宙飛行士たちが肉眼で見ることができるものは、かすんだ、あるいはきらきら光る星ではなく、光の小さな

第7章　月の大気に関する信じ難い発見

点であろう。そのため、人の眼は、それほど有効ではなく、上空の最も明るい星の幾つかしか見つけられないかもしれない。

以上の分析の結果として、星が再び見えたことについての Collins の発言は、月が太陽の一部を隠したこととは何の関係もなかったかもしれない。

もし大気がなくても星が見られるのならば、なぜ宇宙飛行士たちは、太陽から離れた方向、地球も月もない宇宙空間の方を見なかったのだろうか。地球と月の間の宇宙空間では、大量の光の拡散は起きないはずである。したがって、もし宇宙飛行士たちが明るい惑星と太陽から顔をそらしていたなら、彼らは星を見ることができたはずである。だが現実には、宇宙飛行士たちは月の近くに達したとき、やっと月の大気を通じて星と星座を再び見ることができたのである。

月の濃い大気を示す最も説得力のある写真の一つが、1971 *Encyclopedia of Discovery and Exploration* の第17巻、Fred Appel による *The Moon and Beyond* の131ページに現れた。

それは、**口絵写真16**である。この写真は、月の軌道上で、アポロ10号の月着陸船によって撮影された。それは、地球を周回する衛星や宇宙船から撮られた地球の写真によく似ている。

この大気のバンドは、先ほどの引用で Neil Armstrong が口にしたものと同じものかもしれない。彼は、自分の発言「空が月の周り一面に見える。そのふちにも…ここには、地球照や太陽光がない」を、より正確に表現できなかったのだろう。

今述べた写真を得ようとして、筆者は多大な困難に遭遇したこと

も触れておきたい。

1979年、この写真に対応する NASA の写真番号を求めて、筆者はそれが手配されるように、多くの手紙を NASA へ送った。しかし、回答は、写真のコピーを送ったときでさえ得られなかった。NASA は、そういったサービスを一般の人々に対して無料で提供することになっている。その写真は他の書籍に現れているので、番号はすでに割り当てられていた。

筆者はそれから、その NASA の番号を得るために、*The Moon and Beyond* の出版元であるロンドンの Aldus Books 社に助けを求めた。

1979年12月、Aldus Books 社の David Paramor 氏が筆者の依頼に応じてくれて、その NASA の番号が69-HC-431であることを教えてくれた。NASA は Aldus Books 社に、その写真を *The Moon and Beyond* の中で使用する許可を与えたことを、彼は指摘した。

筆者はその後、69-HC-431の写真を NASA の写真請負企業に注文し、その写真が間違いなく届けられるように、写真のコピーをいっしょに送った。しかし、筆者が実際に受け取ったのは、透明シートに個々にラベルが付いたアポロ4号の写真の1枚だった。

筆者は、アポロ10号の写真、69-HC-431を注文していた。そのナンバーのラベルが、マスキングテープによって透明シートの角に貼られていたところをみると、その写真はもともと69-HC-431ではなかったのかもしれない。

NASA 写真番号の最初の二つの数字は、その写真が撮られた年の、最後の二つの数字を使用して付けられている。したがって、69-HC-431は、1969年に撮影されたことになり、アポロ4号ロケッ

第7章 月の大気に関する信じ難い発見

トの写真ではなかったはずである。

また、この写真が、NASAの写真請負企業から購入された50枚を超える写真のうち、マスキングテープによってラベルを付けられた唯一の写真であったことも重要である。

最初の問い合わせから1年以上経った1981年7月、筆者はふたたび、その写真を得るための援助をNASAに依頼した。そのコピーを送るだけでなく、そのナンバーが69-HC-431であることも知らせた。同時に、写真請負企業との問題、アポロ10号の写真の代わりにアポロ4号の写真が送られたことをNASAに知らせた。

この本が印刷される日の時点で、NASAが1年半以上、筆者の依頼に応えていないことは残念である。

しかしながら、何ら収穫がなかったわけではない。その写真を手に入れようとした体験は、NASAと軍部の隠蔽に関して、その写真自体と同じほどの証拠をもたらしたのである。

月面で重力実験した鳥の羽は重かった————

月の地質と地球〜月系の構造を論じる前に、NASAがその事実をどの程度隠すつもりだったのかを示す、もう一つの出来事を紹介しよう。

アポロ15号のミッションで、ハンマーと鳥の羽が同じ速度で落ちる様子（**口絵写真17**）が公開された。その目的は、月が真空状態であることを証明する、ガリレオの有名な引力の実験（真空ならサイズと重さが違っても等しい速度で落下する）だった。

月の十分な大気の存在を示すあらゆる証拠から判断して、唯一つ納得できる結論があると思われる。それは、二つの物体が同時に地面に当たったのなら、その羽には、おそらく見た目よりも重い物体

が隠されていたということである。

　アポロ・ミッションの時代に、多くの観察者たちが、この本で取り上げた幾つかの矛盾に気付いていた。Bill Kaysing のような人々は、アポロのミッションが捏造され、そのテレビ番組と写真が、地球のどこか人里離れた場所でつくられたということを確信していた。

　Kaysing は、1976年に *We Never Went to the Moon* というタイトルの本を書いた。

　NASA、政府の役人、あるいは宇宙飛行士たちは、その矛盾について言い逃れをするよりも、たんにそれらを無視するだろうという、予測どおりの反応を示した。

　今まで、多くの読者は、月の濃い大気を示す非常に多くの証拠が、1世紀以上も世界の科学者たちによって無視されてきたのはなぜだろうと思うかもしれない。それは、十分な月の大気は、月の強い重力を意味するからである。

　そして、月の強い重力を認めることは、従来の物理学の主要部分が不完全な基礎を持っていることを意味する。

　軍は、これらの事実が重力を理解する鍵であること、そしてそれを制御する方法をも知っているはずである。それぞれの場合に既得権を持つ集団は、おそらく、一般大衆の犠牲の上に成り立つ彼らの利益を注意深く守っているのだ。

第8章

月の地質と構造

　月の地質学によって、月が強い表面重力と地球に似た十分な大気を持つことを示す証拠が、さらに提供される。

　アポロによって収集された他の地質学情報は、月の内部構造についての手がかりを与えている。

　たとえば、月について考えるとき、ほとんどの人々はクレーターを思い描く。しかし、クレーターは単に月の一面である。他の注目に値する地形は、その暗黒部、あるいは海、山脈、峡谷、割れ目、そして曲がりくねった川のような谷間、あるいはリル（細い流れの筋）である。クレーターはしばしば、今述べたその細部を分かりにくくしている。

　ほとんどの保守的な科学者たちは、月の弱い重力（1/6）Gのために、月には大気が存在したことがなかったと考えている。したがって、彼らは、月の特徴の全てが隕石、火山、あるいは太陽風の衝撃の結果であると説明する。大気がないから、川や風化作用などは存在せず、月は常に死の世界であったと主張する。

　正統派科学者の大多数は、月には文明が存在し、高度技術によって惑星の表面が破壊された可能性を考えもしないだろう。だから

彼らは、月、地球、そして他の惑星に観察されたものの原因を、全て自然界に求めなくてはならない。これは現在まで、月の地質学上の発見に対する科学的解釈の傾向である。

月に対する宇宙からの知的介入

もし過去の文明が、今述べたような能力を持っていたなら、明らかに彼らの一部が現在でも生存しているであろうということも見逃すべきではない。

保守的な科学者たちが、もし遠い過去に起きた月の地質への知的介入を考慮するなら、彼らはすぐに、その文明の遺物やUFOのような問題について真剣に考えるようになるだろう。

月の地質を専門とする人々の間では、月の内部が熱いか冷たいかで意見が分かれている。

また、別の人たちは、ある時代その内部は熱かったが、その後冷えてしまったと考えている。

クレーターの成因についても、ある人々はそのほとんどが隕石の衝突によってつくられたと考え、他の人々は火山活動が原因であると考えている。あるグループは、月の海が火山の溶岩によってつくられたと仮定する。

彼らは、月が隕石によって変形した後、月の内部からしみ出た溶岩がこれらの盆地を形成したと考えた。そして、しみ出た溶岩であるために、そのクレーターは、隕石の衝撃によってできるクレーターほど深くないと考えている。

また、保守的な科学者たちは、月の強い重力、大気、及び知性を

第8章 月の地質と構造

持った人々の干渉の可能性を考えずに、非常に限られた情報だけで考察している。

　正統派の物理学者や地質学者に知られていない重要な発見は、放射性副産物や、放射線を放出しない元素のわずかな変化、ないし変換である。

　その分野の研究者 Louis Kervran は、鉱床の形成の原因となる基本的な関係を発見した。また、彼は、生物学的組織が、ある元素を他の元素に絶えず変化させていることも突き止めている。だが、この現象は、ほとんどの核物理学者に知られていない。彼の発見の誤りは証明されていないにもかかわらず、その発見が従来の理論と一致しないために、彼の研究は科学界から無視されているのである。

　地質学者たちは、ある鉱物が、他の鉱物とともにさまざまな比率で見つかることを知っている。Kervran は、鉱床を構成する鉱物の比率に多様性があることを示した。

　それは、鉱物を構成する原子が、ある期間に、有害な放射性の粒子や副産物を放出することなく、ある元素から他の元素へ変化するからである。

　Kervran の発見は、物理学や地質学の分野、そして他の多くの科学分野を根本的に変えるものといえる。

　たとえば、鉱床と土壌は、従来の科学が主張するよりも早く、何度も変質する可能性があり、したがって、月の石に適用された放射性年代測定法は、月の歴史の真相を伝えていないかもしれず、同様に、地球の石に与えられた年代も正しくない可能性があるのだ。Kervran の著書、*Biological Transmutations*（生物学的変質）は、彼の驚くべき発見の要約を伝えている。

なぜ水の存在を示す地形があるのか————

　地球の大気は、その表面の侵食や風化を引き起こす要因である。しかし、表面の水が失われると、地球の大気は侵食にほとんど影響しなくなる。そのため、月の丘や山脈は、ほぼ曲線的に風化したままになった。いっぽう、多数の川のような水路、リル、あるいは割れ目が表面に見られるということは、月には過去に豊富な水が存在していたことを示す地質学的特徴があるといえる。

　口絵写真18は、Hadley 谷の様子であるが、ここは深さ1,200フィート（約370m）ほどもあり、水が形成した地球の乾いた峡谷や川の深い谷とそっくりである。

　これとそっくりの地上の風景を、私はワシントン州東部で撮影したことがある。**口絵写真19**がそれで、18の月の写真と同種の風化作用を示している。

　また、**口絵写真20**は、Apennine 山岳地方の北にある曲がりくねった Hadley 谷である。アポロ15号は、Hadley 谷の影側のとがった"とさか"のような湾曲部分の真上の平野に着陸した。

　月は、その地質学的構造と侵食の原因となる重力と大気を持っていると考えられるが、川の流れの跡を示すようなアポロ15号のこの写真は、それを明確に示している。

　口絵写真21では、アポロ17号の宇宙飛行士 Schmitt が、巨大な、裂けた岩のそばに立っている。Littrow 渓谷を取り巻く曲線的な丘と、東部連峰の険しい斜面が、約5マイル離れた背景に見える。Littrow 渓谷は、"晴れの海"の端にある。"晴れの海"の反対側に

位置する Apennine・Hadley 三角地帯と同じ風化作用の証拠が、ここにも現れている。

1967年のルナ・オービター4号によって撮影された Alpine 谷が、**口絵写真22**に示されている。Alpine 谷は、その写真の右部から"雨の海"（左）の北東端まで、90マイル続いている。その谷の中ほどに、乾いた川床のようなものがあり、それを通して水が干上がった海（雨の海）に流れ込んだように見える。科学者たちは、そのような曲がりくねった水路を波状リルと呼んでいるが、彼らの何人かは、月の弱い重力と真空の環境にもかかわらず、そのようなリルが水によってつくられたと考えている。

これまでの写真は、正統派の科学者が月の特徴を説明するうえでの困難を指摘している。もし大気がないなら、水、雲、そして川は、いったいどのように存在したのだろうか。

これまでの証拠から、納得できる唯一の結論がある。

それは、月は、その表面に大気と豊富な水を持っていたことがあったと仮定してみることである。そうすると、月は大気を引き付けておくだけの強い重力を持っていなければならないし、月がある時代に強い重力を持っていたなら、それは今も変わらないに違いない。ということは、今でも濃い大気が存在しているかもしれないということである。

水はどこに消えたのか――――

かつて月に水が存在した、何か別の証拠があるのだろうか。

アポロ15号の宇宙飛行士 David Scott による、"What Is It Like to Walk on the Moon?（月面歩行はどのようなものか？）"と題さ

れた記事が、*National Geographic* 1973年9月号に掲載された。その中で彼は「浴槽の水位ラインのような暗い線が、その山脈の麓に走っている」[1]と述べている。

　これらの線は水準標と呼ばれているが、それは、海岸に沿って見られる水準標に似ているからである。しかし、科学者たちは、水がそもそも月に存在するはずがないので、当惑している。
　宇宙飛行士たちは、Hadley山が北東方向に45°傾いた直線模様を示していることに気づいた。[2] もしこれと同じ線が地球で発見されれば、それは堆積物として解釈されただろう。
　しかし、保守的な科学者たちによれば、月には、堆積物の存在を説明する既知の作用がないのだ。
　アポロ16号の宇宙飛行士たちは、Stone山に段地のような模様を発見した。それは、ScottとIrwinがApennine山脈で見つけた線と同種のものである。[3]

　しかし、水は、どうなったのか。
　大気についての前章では、次のように地球と月の類似性をいくつか指摘している。
　月には、地球に面している側に、海のように見える広大な地域がある。月の海の標高がその残りの地域と比べて最も低いことは、重要である。
　アポロ15号は、月の地球に面している側が裏側よりも3kmから6km低いことをつきとめた。加えて、月の裏側は、山が多く、海がほとんど見られない。
　月はおそらく、強い重力と濃い大気を持っているため、水は容易には外宇宙へ放出されなかったと思われる。しかしいっぽうで、現

在、月表面には十分な量の水は存在しない。

では、水はどこへ行ったのか？　考えられるのは、月の地殻（地下）である。

しかし、これが起きる唯一の条件は、初めから月の地殻に空洞が多い場合である。水が地下に入るには、空洞や割れ目が最初につくられねばならなかった。月がかなり大きな隕石や高度な技術によって叩かれた場合、それが起きた可能性がある。最初の割れ目、あるいはリルが海底にできると、海の水は文字通りその地殻に流れ込み、月全体に巨大な水路、乾いた川床、そして侵食したリルが残る。乾いた海の盆地は、そのとき、デスヴァレー（死の谷）の様相となるだろう。

地殻質量のムラは隕石では説明できない────

月が空洞の多い構造をしているなら、何かこれを証明する証拠はあるのだろうか。

とても興味深いことに、月の探査によってマスコンが発見され、アポロのミッションでは地震の実験が行われた。（訳注　マスコン：Mass Concentration ＜質量集中＞の短縮形）

以下は、不可解な発見を説明するための科学者たちによる仮説である。

月面を上下左右くまなく探査を行った結果、科学者たちは、大きな隕石が地下の浅い所に埋め込まれ、それが局所的な重力場の増加を引き起こした、という結論を導いた。おそらく、地中に埋まった密度の高い隕石が局所的な重力を増加させ、その変動量は地球で発見されたものよりも大きかったのだろう。

これらの隕石のいくつかは、重力の変動を説明するために、その

直径が402マイル、厚さが2.5マイルであると仮定された。

しかし、なぜこのようなパンケーキのような形の隕石が宇宙を漂っているのか。

科学者たちによるマスコン（質量の集中）の説明は、多くの矛盾を生み出している。

第一に、重力の増大は月の海で発見されている。月の海は、基本的にクレーターがなく、最も標高の低い平坦な地域である。提案されたサイズの隕石は、その海に巨大なクレーターをつくったはずだが、その疑問に対しては、溶解した物質がその表面に流れ込んで穴を埋めたと考えられた。

第二の問題がある。仮に、月の地殻の上部が熱で溶けていたなら、隕石はその表面で止まらずに月の地下深くに沈み込んだはずである。

そのうえ、一部の科学者たちは、マスコンの不均一さは熱い物体には存在しないと主張した。

上記の問題に加えて、月には火山活動によってつくられた多くの玄武岩が存在する。隕石によるマスコンと、熱い月、火山活動の徴候は両立しない。

上記の問題は、マスコンの理論をかなり蝕んでいる。これは、重力変動に対して他の原因が存在することを意味する。

第一に、地球の大量の水に対する引力は、陸地の質量に対する引力よりもかなり大きいことが発見されている。[4]

第二に、月には空洞が多いという前提がその重力変動を説明するために使用されているが、正統派の科学者たちは、少なくとも公式の報告ではこの説明を無視した。

第8章　月の地質と構造

　もし、月の海の水が、その地殻の中に流出して、部分的に巨大な空洞を満たしたなら、重力変動の原因は説明される。これは同時に、水路としてのリルや表面の失われた水をも説明できる。

　クレーターの隕石説対火山活動説の論争は、もう一つの問題であるが、宇宙からの知的生命体介入の可能性や月の空洞の存在を考えずに解決することは難しい。

　レインジャー7号は、大気のない星に、予想された鋭角的な地形の代わりに起伏のゆるやかな砂漠のような光景を示すことで、科学者たちに最初の頭痛の種を与えた。

　サーベイヤー1号は"嵐の大洋"に着陸したが、その写真は、月の土壌が地球の乾燥地帯の土壌に似ていることを示した。

　サーベイヤー5号が"静かの海"のあるクレーターの頂上近くに着陸したとき、その化学分析器は、その土が一種の玄武岩であることを示した（玄武岩は、地球の海底や山の尾根の岩を形成する）。

　また、サーベイヤー5号は、その表面が隕石性のものであると仮定すると、磁気を帯びる物質が不足していることを発見した。[5]

　サーベイヤー6号は、サーベイヤー5号と同様の分析結果をもたらし、月の海の化学的構成が共通していることを科学者たちに確信させた。

　サーベイヤー7号は月の高地に着陸したが、その密度分析は、月の海の玄武岩ほど高くないことを示した。

　さらに、全てのサーベイヤーは、最も豊富な月の元素が、地球と同様に、酸素とケイ素であることを示した。

　したがって、月は、その源が隕石だけではなく、地殻構造的に発達した天体であることが判明したのである。[6]

それにもかかわらず、月の盆地における玄武岩の検証、そして火山活動の徴候は、隕石衝突説を唱える理論家たちを納得させなかった。その結果、隕石衝突説対火山活動説の論争は、サーベイヤー計画の終了後も解決されていない。

発見されたガラス物質の謎

　アポロ11号の Neil Armstrong は、小さなクレーターの底にガラス質の箇所を何度も発見していた。
　天文学者の Thomas Gold は、月が太陽の爆発的な放射線によって焦がされたということを理論づけた。[7]
　だが、そのガラス質の部分は、明らかに流星塵や太陽風粒子の衝撃を受けていなかった。そのため、一つの謎が生まれた。
　さらに、月面の小さな峰や軸状の部分には光沢が残っていたため、Gold は、太陽面爆発が3万年以内に起きて、それが10秒から100秒間しか続かなかったと推測した。
　もう一つの説明は、過去3万年以内に、月の一部を爆破するために高度な技術が使用された、というものである。
　いずれにせよ、無傷のガラス質の部分は、流星塵が月の表面に達していないということを示しているだろう。
　したがって、流星塵は濃い大気を通過する際に止められたに違いない。これは、月の侵食の隕石説を否定するさらなる証拠であり、月が地球に似た大気と重力を持っていることを裏付けている。

　アポロ11号の着陸場所は、赤道に近い"静かの海"の低い盆地だった。ここは、米国南西部のように、最も気象変動の少ない地域で

第8章 月の地質と構造

あると考えられる。米軍は南西部に航空機を何年も保管しているが、それらの機体には劣化がほとんど見られない。月のこれらの地域では、地球から持ち込んだ物は、おそらく数千年は保存されるだろう。その比較的安定した大気は地形を変えないであろうし、ほとんどの隕石はその大気を貫通しないだろう。

Strange World of the Moon の中で、Firsoff は、月に噴火と噴煙、あるいは火山灰と溶岩の痕跡があまり存在しないため、クレーターの火山説は実証することが困難であるということを示唆した。[8]

月の表面は、地球のそれと非常に多くの点で似ていることから、広い範囲の火山活動はほとんど終息したと結論づけることも無理ではない。

広大な月の海だけでなく、その曲線的な表面や風化した外観は、そのような地形が形成されて以来、火山活動が重要な要素ではないことを示している。

もし広範囲の火山活動があれば、その平坦な海を変えて、より起伏の多い外観を生み出しただろう。だから、地球に似た、際立った特徴が多く見られるものの、それは低いクレーターによって消し去られている。つまり、それらの低いクレーター自体は、広い範囲で火山が隆起した時代に形成されたものではなく、表面の状態が安定した後に、隕石によって生じたに違いないということになるからだ。

Secrets of Our Spaceship Moon（「それでも月には誰かがいる」たま出版）と題された Don Wilson の著書の中で、彼は *Apollo 17: Preliminary Science Report* (1973)[9] というタイトルの NASA の出版物に言及した。その中で、アポロ17号ミッションから得られた結論は、過去30億年以後の月の火山活動は、事実上全く存在しなかっ

たか、あるいは非常に限られていた、ということであった。これは、月面でよく見られる光が、火山性ガスによるものではないという証拠を提供している。

これまでの分析は、月のクレーターを生成した要因が、火山でも隕石でもない可能性を示唆している。
これらのクレーターのほとんどは、明らかに、その表面が地球のような発達した状態になった後につくられたものだということになる。
すなわち、かつて月には、広範囲の気象の変動、水をたたえた海等が存在していたに違いないのだ。

得られた情報は重力理論の見直しを迫る────

月の地殻と内部構造を明らかにするために、震動実験が行われた。高感度の地震計が、月探査機とアポロのミッションによって月面に残されていた。月着陸船と他の物体を月に衝突させたとき、衝撃波が記録され、専門家たちはそのデータを解釈することができた。

その実験結果は、科学者たちが予想もしなかったものだった。アポロ11号の地震計は、月が比較的静かであることを示した。一部の科学者たちにとって、これは、溶けた鉄のコア（核）がかなり小さいことを意味していた。

他の科学者たちは、月には全く核が存在しないと考えた。アポロ12号は、継続的に動作するように設計された非常に高感度の計器を月に運んでいた。廃棄された月着陸船が、その着陸地点から40マイル離れた所に衝突した後、3台の長周期地震計が一連の反響を捉えたが、その反響は、30分以上持続した。これは、月の構造が硬いこ

第8章　月の地質と構造

とを意味していた。なぜなら、それは衝突の時に、鐘のように反響したからである。

　一部の科学者たちは、月の内部は流動体のない固体であると主張した。これは、溶けたコアの仮説にとってもう一つの打撃だった。他の科学者たちは、月が空洞であると結論づけたが、これは重力の理論と一致するとは思えなかった。

　月の強い表面重力は、ニュートンの万有引力の法則に重大な欠陥があることを示している。

　この欠陥は、重力の真の性質を理解するための最初の鍵である。

　ニュートンが1666年にその法則を公式化して以来、重力の性質は、ただの一つも説明されていない。ニュートンでさえ、重力の性質を理解しているとは言わなかった。彼は単に、落下する物体について、重力の効果を数学用語で記述しようとしただけである。

　ニュートンは、この不可解な重力が何であれ、それがとにかく全ての物質に一様に働き、それが惑星の物質を数千マイル貫くときでも散乱や減衰を起こさない、ということを仮定した。彼の理論は、重力が、その空間内の位置に関係なく、物質の全粒子と結び付いたものである、ということを意味した。

　彼の引力の法則における主要な欠陥は、おそらく、重力の効果が、逆二乗の法則による通常の減少以外の相互作用、散乱、あるいは増殖などの効果を起こさずに物質を貫通する、という仮定であろう。

　引き寄せられている物体の他の物体に対する引力は、これらの物体間に置かれた物質によって影響されない。だから、重力は質量について何の力もおよぼすことはないということになるが、現実に重力は物質に力をおよぼすので、これらの効果は存在するに違いない。

したがって、ニュートンの万有引力の法則は、エネルギーの保存則に違反していることになる。

力はエネルギーを必要とするので、二つの物体間に物質を挿入することは、挿入された物質による追加の重力効果がない限り、エネルギー相互作用を引き起こし、外側の二つの物体間の重力を減少させるとされている。

たとえば、重力の散乱に関して、山の質量を測る実験がある。この場合、おもりが、ニュートンの重力理論によって要求される程度まで引き寄せられなければ証明されることだ。

地質学者たちは、山岳内部の物質の平均密度が、海洋下の物質のそれよりも小さいと仮定することによって、これを説明しようとした。より可能性のある説明は、山の内部の物質によって生み出された重力が、上に積み重なる質量によって部分的に分散、あるいは減衰する、ということである。

これまでの情報と月の強い重力は、重力が透過力の大きな放射線によって生み出される、ということを暗示しているが、重力は、物質をかなりの深さまで貫通するけれども、その能力は限られているということになるだろう。

万有引力の法則が適用される場合、月の強い表面重力が月に対してありえないほどの大きな質量を伴うことは重要である。月の重力が地球の64％であると仮定されると、月は、重力の法則にしたがって13.0 [g/cm^3] の平均密度を必要とする。これは、鉛の密度よりも大きい（鉛は、鉄よりも約50％重い）。

第 8 章　月の地質と構造

　地球〜月間の質量中心の決定により、地球の質量は月の81.56倍であり、月の密度は21.5 [g/cm^3] となる。これは、鉛の密度の約2倍である。したがって、鉄のコアの仮説でも、その質量の謎を解くことはできない。

　ニュートンの万有引力の法則の欠陥が、地球の鉄のコア仮説を触発したことは注目されるべきである。地球の質量が仮定されると、月の質量は、その表面重力によって決定される。おそらく、地球の地殻のある限られた厚さだけが地球の表面重力に影響し、ある深さ以下の質量から生じる重力放射線は散乱するのかもしれない。これは、地球の質量が従来の方法では正確に予想できないことを意味している。

　もし、惑星の中心部が空っぽ、あるいは空洞であったなら、その表面重力は、惑星が鉄の核、あるいは鉛の核を持っている場合とあまり変わらないかもしれない。
　これは、月がそのサイズに比して強い重力を持っている理由を説明しているように思える。この効果のために、ニュートンの万有引力の法則は、そもそも地球の質量を誇張している、ということになる。

　地球の中心に鉄のコアが仮定された理由は、その地殻の平均密度が、地球全体の予想された質量を説明するために不適当だったからである。地球の地殻が2.7 [g/cm^3] の平均密度を持っているのに対し、月の地殻の平均密度は3.3 [g/cm^3] である。
　ニュートンの重力法則を満足させるためには、地球の平均密度は5.5 [g/cm^3] でなければならなかった。これは、月の平均密度3.34

[g/cm³] を導いた。

　月の表面密度と、予想された総平均密度の間のわずかな違いは、月のわずかな磁気を説明するために、小さな鉄のコアを仮定させた。これは現在、正統派の月の理論が有効な事例である。

　最後の章（第10章）では、鉄の核の存在に頼らない理論を用いて地磁気を説明するつもりである。

第9章

宇宙開発に対する地球外の干渉

UFO 問題は見たところ、思慮の足りない、あるいは厳しい分析を行う多くの執筆者たちによって不当な扱いを受けている。本章が、UFO の謎のある面をより論理的な手段で説明することに役立てば幸いである。

それには、宇宙がどのように機能しているか、そしてその中の人類の立場をもっとよく理解することが必要である。
あらゆる現象は、それがどれほど奇妙に見えたとしても、合理的な原理を持っている。
全ての場合に、原因と結果の法則が有効である。NASA が情報をつくり上げていた場合、それが他の出来事と矛盾するとき、その情報は捏造として現れるだろう。
あらゆる現象を寄せ集めると、現実の姿が見えてくるに違いない。

論理的に考えて、もし知的生物が操縦する UFO が近くに存在するなら、彼らにはここにやって来る目的があるはずだ。エイリアンがいたる所にいるなら、地球人の行動は、おそらく彼らによって注意深く監視されているだろう。地球に住んでいる人類は、人殺しとして極端に評判が悪いかもしれない。

地球は宇宙から注意深く観察されている――――

　歴史学者たちは、戦争をさまざまな理由に基づいて正当化することができる。しかし、地球世界の一部ではない、進歩した文明の立場からすると、地球の歴史はぞっとするようなものだろう。地球の各国がそのような戦争にあふれた歴史を持ち、各国の開発する兵器がますます強力になっていくときに、UFOの搭乗者たちは、これらの国々が善意であると、どうして信じるだろうか。

　その監視の主たる理由は、核戦争が始まる前に、それを素早く抑止できるようにすることであろう。ミサイルと宇宙船は、核弾頭を運んでいないか、そして地球や月に損害を与えないかが、注意深く観察されるだろう。
　したがって、宇宙飛行士たちがUFOに遭遇、あるいは目撃したとしても、それは驚きではないはずだ。

　このような異星人たちが月に配置されていたなら、これは特にアポロのミッション中に当てはまるだろう。この章では、NASAが不注意で提供した異星人の証拠、あるいは他の月の観測者たちによる証拠に焦点を合わせている。

　数世紀前に、月の観測者たちは、自然現象として片付けられない一時的な現象に着目した。たとえば、ドームに似た小さなふくらみが月面に現れたり消えたりした。
　1788年に、天文学者Schroeterは、これらのドームを月の住民の産業活動によるものであると考えた。[1]

第9章　宇宙開発に対する地球外の干渉

　当然ながら、彼の説は真面目に扱われなかった。しかし、これらの白い円形ドームは、現在、200以上観測され、記録されている。[2]

　これらの半球の直径は、8分の1マイルから4分の1マイルまでさまざまである。そして、そのうちの20個ないし30個が、ティコ・クレーターの底に集中して観測されている。[3]これらの特異なドームは、丸い丘や火山の隆起だけではあり得ない。ドームの予測不可能な出現と消失は、それらが知的につくられ、移動可能な構造物であることを示している。

　Schroeter は、1788年、月の Alpine 谷に一つの影を見つけた。[4]
　最初、彼はある光を認めたが、その地域が照らし出された後、丸い影がその光のあった所に現れた。その影は丸い形だったので、それをつくり出した物体は、分離していて、月の上空にあったはずである。15分後に、それは消えたようだ。
　これは、Schroeter が空中に浮かぶ大きな物体を目撃し、それが光源を提供し、それ自体の影をつくり出した可能性がある。多数の円形で明るい地点が、プラトーや"危難の海"のようなクレーターの内部でも目撃されている。それらは、しばしばドームのようであり、毎晩その明るさが変化していた。[5]

　George Leonard は、彼の著書 *Somebody Else Is on the Moon* の中で、月面で巨大な機械が使用されていることを示す証拠写真を提供した。彼は、ある時代に受けた月の表面の損傷が徐々に修復されていることを示唆した。彼は、写真の分析から、クレーターでは何らかの作業が行われていて、それはおそらく採掘であると主張している。
　現在、月には、多目的に利用される貴重な元素が豊富に存在する

ことが知られている。

宇宙飛行士たちのUFO遭遇体験

　異星人による宇宙計画の監視は、明らかにマーキュリー計画から始まり、アポロ17号まで続いた。1963年、Cooper は、4周目のハワイ上空で、理解できない言語による奇妙な音声の送信を聞いた。そのテープは後に分析され、その音が地球上の言語ではないことが判明した。[6] さらに、最終周回軌道のオーストラリア上空で、彼は宇宙カプセルからUFOを目撃した。[7] その追跡ステーションでも、200人を超える人々がそれを目撃したと言われている。[8]

　ジェミニ12号までの各ミッションでは、おそらく1機ないしそれ以上のUFOが目撃されている。1966年のジェミニ9号ミッションが、無線の干渉のために中止された後、NASAは、テレビで、UFOあるいは未知の物体が宇宙飛行士たちによって何度も目撃された、という声明を発表した。[9]

　ジェミニ4号の White と Jim McDivitt は、彼らの上や下を飛行する、卵型の銀色に輝く物体を目撃し、撮影した。それがそばを飛行したとき、ムービー・カメラによって5枚のコマが撮られた。そのフィルムは、半円形のような輝きと長い尾の光を持つ、卵型の物体を示している。

　管制センターの報告書によれば、コマンド・パイロットの Jim McDivitt は、宇宙空間に、突き出た大きなアームのようなものを持つ、もう一つの物体を見ている。また、その報告書には、彼がその物体を撮影しようとしたけれども、太陽光のためにそれが困難だ

第9章　宇宙開発に対する地球外の干渉

ったことも記されている。[10]

　ジェミニ7号が、UFOと、宇宙カプセルのそばを飛び回るたくさんの小片に遭遇したことは重要である。銀色のUFOは、ロケットのブースターではなかった。ブースターは、UFOと一緒に確認されていた。[11]

　NASAは、他のミッションで観察されたその小片が、尿のしずく、あるいは宇宙船から剥がれ落ちた塗料の破片であるとしていた。

　フレンドシップ7号のJohn Glennは、その"ホタル"を発見した最初の宇宙飛行士である。宇宙ホタルは、その宇宙計画を通じて頻繁に観察された。彼の宇宙船が1周目の夜側を抜けたとき、彼はその窓を振り返って、宇宙船が回転し、"星"を見たと思っていた。
　しかし、Glennはすぐに気づいた。宇宙船が回転したのではなく、黄緑色の光る"ホタル"のようなものに取り囲まれていたのである。それらは、大きさが粒のようなものから8分の3インチ（約1cm）までさまざまであり、8フィートから10フィートの間隔で、カプセルの周りの空間に一様に散らばっていた。太陽が現れるたびに、彼は約4分間、これらの小片を観察した。Glennは、それについて次のように述べている。

　　三度目の日の出のときに、私は宇宙船を回転させ、その小片がどこから来るのかを見極めようとして、前を向いた。太陽を背にしたとき、その小片は、全体の10％ぐらいしか見ることができなかった。それでも、それらは、どこか遠くから来ているようで、この宇宙船から出たものとは思えなかった。これらの小片がいったい何なのかは、いまだに議論が必要だし、詳しい解

明が待たれる。[12]

　これらの小片が宇宙船からのものではない、という Glenn の明確な発言にもかかわらず、正統派の権威者たちは、それをカプセルから剥がれた材料の薄片のせいにした。

　ジェミニ・ミッションを含め、多くの UFO 目撃事件が存在するけれども、最も貴重な情報は、アポロのフライトから提供された。
　月を周回しているときに、アポロ 8 号の宇宙飛行士たちは、おそらく " 円盤型の " 物体を目撃し、" 目がくらむような光 " と " がまんできないほどの高周波ノイズ " を経験した。[13]
　その後、彼らは、再びまばゆい光を放つ物体を目撃し、" 宇宙カプセル内で内部熱を発生させる波動 " を経験した。[14] その宇宙船はコントロールを回復する前に縦揺れを起こし、針路がそれ始めた。[15] 宇宙飛行士たちが月の東端を曲がってきたとき、宇宙船の冷却装置のラジエーターの水が全て蒸発し、その補充が必要になったことも重要である。[16]

　公式の報告によると、アポロ 10 号では、危機的な状況が起きた。それは、Cernan と Stafford が、アポロ 11 号の着陸場所を調べるために、月面の 50,000 フィート以内に降下したときである。降下段が放棄された後、上昇段が激しいスピンに陥り、上下振動を起こしたらしい。何かが、ジャイロ誘導システムを制御不能にしたのだ。
　Stafford は、宇宙船を安定させるために、手動制御に切り替えた。おそらく、制御スイッチが技術者たちによって誤った位置のままにされており、Stafford がそれに気付かなかったのだろう。UFO は下から垂直に上昇し、しかもその様子が写真に撮られたが、公式の

第9章　宇宙開発に対する地球外の干渉

報告はそのことに一切触れていない。[17]

人類初の月着陸には異星人が待っていた────

　アポロ11号と UFO との最初の遭遇は、そのフライト中に起きた。
　宇宙飛行士たちは、彼らと月の間に現れた未知の物体を目撃した。だが、それはブースター・ロケットであった可能性もある。
　帰還後のブリーフィングにおいて、Aldrin は、その目撃と同じ頃に、彼らはハイ・ゲイン（無線異常）の障害に悩まされたと述べた。Collins は、彼らがある衝突を感じたことに言及し、Armstrong は、MESA が外れた、という Collins の考えを指摘した（訳注 MESA：Modularized Equipment Stowage Assembly　モジュール化装置格納セット）。
　Aldrin はそのとき、L字型部分のある明るい物体を見る前に、いろいろな小さい物体が通り過ぎたことを思い出した。Armstrong は、それを"開いたスーツケース"と表現したが、Aldrin は、彼らが円柱のようなものを見たことを後に述べた。Armstrong はそれを繋がった二つのリングにたとえたが、Aldrin は彼の主張に反対し、それを中空の円柱と表現した。Collins が再びその会話に入って、それは、転がる中空の円柱のように見えたが、開いた本の形に変化したのだと断言した。[18]

　上記の会話には、いくつかの重要な情報が含まれている。まず第一に、Aldrin は、彼らはその目撃によって無線機の異常が起こり、ハイ・ゲインの問題を抱えていたと述べた。
　Collins によれば、彼らは衝突を感じたが、Armstrong が MESA のパッケージについて述べた後、彼らはこれを考慮しないことにし

た。会話が進むと、宇宙飛行士たちは、その物体の形について語り始めた。3人の訓練された観察者たちは、彼らの見たものについて、合意できなかったか、あるいは合意しなかったようだ。

Collins はそれを明白に円柱と表現し、Aldrin がそれは円柱ではなかったと述べた後でも、各自が、それが何だったのかの描像を持っていたようである。Armstrong は、それが繋がった二つのリングのように見えた、と語った。

アポロ11号が月の近くにあったとき、奇妙な無線機のノイズが聞かれた。それは、消防車か電動丸鋸、汽笛のような音だった。管制センターはそのとき、他のだれかが彼らと並んで飛行しているかどうかを尋ねたかもしれない。その信号、ないしノイズは、宇宙船の外部から来ていた。また、それは、フライトの最初の数日間、断続的に続いたと言われている。[19]

ある秘密の情報筋によれば、Armstrong と Aldrin が月に着陸した後、巨大な UFO 群がクレーターの向こう側に並んで宇宙飛行士たちを監視していた、と言われている。[20]

この事件は、1979年9月11日付の *National Enquirer* 紙でも紹介された。[21]

その話の中で、NASA の前顧問は、この事件は本当であるが、隠蔽されたと主張している。その記事によれば、その遭遇事件は、NASA では誰もが知っている事実であった。

読者は、NASA の UFO 目撃事件に関する情報があまりにも限られていて、疑わしいと感じられるかもしれない。もしその報告がそれだけで評価されるなら、そのケースは決して証明されることはな

第9章 宇宙開発に対する地球外の干渉

いだろう。しかし、残っている証拠の全てと、これまでに提出された全ての証拠を繋ぎ合わせるなら、その事件の信頼度は増すことになる。

UFO出現に伴う電磁的障害

アポロ12号は、離陸の少し後で、危うく停電を起こすところだった。宇宙船は、打ち上げの36秒半後と52秒後に、稲妻に打たれたようにもみえた。しかし、その地域に雷雨はなかったので、その事件は別の観点から説明されねばならなかった。

何人かの人々は、ロケットが電離した排出ガスから地面に対する導体を生み出し、しかも雷が宇宙船を通じて放電したと考えた。しかし、アポロ12号が月に向かったとき、ヨーロッパの天文台は、宇宙船の付近にあった二つの未知の物体を報告したと言われている。[22]

その一つは、アポロ12号を追跡しているように見えた。

別の物体は、宇宙船の手前にあった。

翌日、宇宙飛行士たちは、約132,000マイル離れた2機のUFO、もしくは国籍不明機を報告した。そして、管制センターとの会話中に、その物体の一つが高速で離れていった。[23]

アポロ12号が月に接近したとき、奇妙な音が地上管制職員によって受信されたと言われている。それは、宇宙カプセルからではなく、他のどこかから送信されていた。そのノイズは、おそらく宇宙飛行士たちにも聞かれていて、変化のない、笛のような、そして一定したピーという音として表現されている。[24]

宇宙ホタルの問題が、何度か触れられている。アポロ16号の宇宙

飛行士たちが月に向けて慣性飛行をしていたとき、彼らは宇宙ホタルの小片でいっぱいの領域に入った。しかし、NASA は、それらが太陽光による宇宙船の過熱を防ぐための塗料の薄片であると強く主張している。

ところがいっぽうで、この出来事と同時に、Mattingly は、誘導航法システムに問題が生じたことを報告した。宇宙船の姿勢表示が消えて、ジンバルの基台がロックされていたのだった。

手動による再配置が必要になり、宇宙船とともに進行している"雪片"は、星の観察を妨げていた。いつものことだが、何が起きたかを誰も特定していなかった。彼らはたんに、別の"電子的誤作動"が起きたことを示唆した。どういうわけか、電気的過渡現象が回路の一部に生じて一時的な不具合が起きたが、後にそれは回復した。

アポロ16号が降下する前に、メイン・ロケットエンジンを制御する操縦システムの別の回路に不具合が起きた。それは、エンジン・ベルを横方向に振動させた。[25]

電子機器の誤作動、UFO の目撃、そして発光する小片は、それぞれ関連した現象であると思われる。その関係を検討するなら、宇宙飛行士たちに実際に起きたことについてたくさんの情報が得られるだろう。

宇宙ホタルについて、John Glenn は、地球を周回するたびに、その昼の側に入ったとき、約4分間発光する小片を目撃したが、それらが遠くから宇宙カプセルに向かって来たことをはっきりと述べた。Glenn は、太陽によって持続的に放射される粒子の崩壊を見ていたのかもしれない。その粒子は惑星や星雲の間の宇宙空間を満たし、しかもその粒子を構成するものはおそらく光子であることを、

第9章 宇宙開発に対する地球外の干渉

蓄積された証拠が示している。

　これらの粒子が崩壊するとき、光子が放出される。これらの粒子の性質は、UFO を推進するために使用されたエネルギーと密接に結び付いているのだろう。

　UFO は、何人かの宇宙飛行士によって目撃されたと言われている。
　UFO が NASA の宇宙船のすぐ近くに来たとき、これらの"宇宙ホタル"の粒子が大量に集中したのかもしれない。この粒子は、電荷を運び、宇宙船の材料を容易に貫通すると考えられる。もし、それらが、宇宙空間の物質や他の粒子と互いに作用しあって崩壊するなら、宇宙飛行士たちは、それを宇宙船の内と外で見ることになっただろう。
　これらの粒子の宇宙船に対する影響が、電気システムの過負荷や、無線通信回路のノイズを引き起こすことになったと考えられる。その粒子が UFO によって高濃度で放出されると、その近くにある物体は、過負荷やショートを引き起こす程度までそれらに包まれるのであろう。たとえば、アポロ10号の誘導システムは、接近する UFO からの、これらの粒子によってショートを起こしたのかもしれない。

　アポロ8号の宇宙飛行士たちが経験したといわれる内部熱も、これらの粒子の結果だと考えられる。UFO がアポロ8号のカプセルに近づくと、これらの高密度の粒子が宇宙船を透過して大量の熱を放出したのだろう。奇妙なノイズや宇宙船の突飛な振る舞いも、放出された電子が原因であろう。アポロ8号のラジエーターから水が

失われた原因も、そのエネルギー場に求められるかもしれない。この透過性の荷電粒子が蒸発を引き起こしたのである。UFOの接近が、ラジエーターの水を急速に蒸発させたのだろう。

多発した無線機の異常

アポロ11号の宇宙飛行士たちが月へのフライト中にUFOを目撃したとき、Aldrinは、帰還後のブリーフィングにおいて、ハイ・ゲイン（無線異常）の問題があったことを指摘した。これは、他の事件と同じパターンである。UFOのエネルギー場は、明らかに無線機の混信を引き起こした。Collinsは、自分たちは衝突を感じたと主張した。それは、宇宙船がこれらの高密度粒子に曝されて起きたのかもしれない。この例では、発光する粒子が言及されていないが、もしかすると宇宙飛行士たちによって観察されたかもしれない。無線機のノイズは、フライトの最初の数日間、断続的に聞かれていたので、UFOは、その行程の大部分で宇宙船のすぐそばにいたのかもしれない。

アポロ12号の雷による電気障害も、彼らの近くで発見されたといわれるUFOが原因だったのかもしれない。興味深いことに、前のミッションと同じ無線機のノイズと音が聞かれている。もし天文台が、UFOが激しく点滅していたことに注目していたなら、宇宙飛行士と管制センターが一定したピーという音を捉えたことは驚きではないだろう。UFOを点滅させたものが何であれ、彼らはおそらくその無線エネルギー波を受信していたのだ。

アポロ16号が月への慣性飛行を続けていた間に、宇宙飛行士た

第9章　宇宙開発に対する地球外の干渉

ちは、その"宇宙ホタル"、あるいは今議論された粒子でいっぱいの領域に入った。塗料が剥がれ落ちていくという NASA の説明は、おそらく真実を隠すための持続的な努力である。もしこの塗料が宇宙船をオーバーヒートから守ることになっていて、それがフライトの早い段階で剥がれたのなら、それはごまかしの細工と考えられる。

John Glenn のフライトでの宇宙ホタルに対して、これまで同じ理由が与えられているためか、10年近い間、改善がされていないようだ。塗料が剥がれ落ちていく、という考えは、その現象に対するなんともお粗末な説明である。NASA は、UFO が接近したときに、その塗料が剥がれた理由や電子機器の誤作動と他の故障が同時に起こった理由をあえて説明しようとはしなかった。

アポロ16号がその"塗料の"問題を経験するのと同時に、誘導システムのトラブルが起きた。そのエネルギー場は、"星の"観測を妨げるほど強烈だった。星の観測は宇宙船の位置を修正するために必要なので、太陽が代わりに利用された。電子機器の誤作動は月への行程のほとんどで起きたようなので、UFO は、宇宙飛行士が落ち着けないくらいに接近していたに違いない。

月探査機に起きた問題のいくつかは、ある程度これらのエネルギー源が原因だったかもしれない。NASA を困惑させるほどの故障が起きたことは、多くの月探査機が不正な干渉を受けた可能性を示唆している。

たとえば、1971年2月から1975年3月まで継続的に運用されていたアポロ14号の地震計ステーションは、ある事件に巻き込まれた。その受信機は1975年3月にその機能が止まり、送信機は1976年1月18日に停止した。

ミステリーは、その約 1 ヵ月後に起きた。その受信機と送信機は、1976年 2 月19日に動き始めたのである。さらに、昼間の間は動作していなかった他の計器の一つが、完全に昼も夜も動き始めた。それから 1 ヵ月後に、そのステーションは動作を停止した。[26]

　UFO の搭乗者たちが監視活動を行い、おそらく我々の宇宙活動に干渉したという証拠は、重大である。それは、NASA と軍による隠蔽の長いリストの中の、もう一つの項目と考えられる。

第10章

宇宙計画の未来像

　第4章で指摘したように、アポロの月面離陸の写真は、ロケット推進が月の表面から脱出するために使用されなかったことを示している。

　アポロ17号が月から離陸する様子は、テレビで放送された。その再生画像である**口絵写真23**を見ていただきたい。この写真には、排出ガスの形跡がない！

　月には強い重力があり、地球のような大気が存在するというたくさんの証拠が見つかっている。この写真の黒い空は、おそらく月の空が削除されたことを示している。空を黒くするために使用された画像処理が、排出ガスの跡も消し去ったのであろう。

　しかし、その空が黒くされたとしても、大気は存在しているし、強い重力があり、ロケットがそもそも役に立たなかっただろう。

　その写真をよく見ると、月着陸船の上昇段が明るくなっているのが分かる。この光、あるいは光源は、月着陸船の輪郭を示しており、明らかに排出ガスではない。しかし、それは太陽光の反射なのかもしれない。もし排出ガスが少しでも現れたなら、それは上昇段の下に見られただろう。

月面離陸時に見えないロケット噴射

　前記のアポロ17号の写真と、月を離陸するアポロ16号の**口絵写真24**を比較していただきたい。この写真の赤、青、緑、そして黄色の斑点は、上昇段の底部で多くの活動が起きていたことを示している。

　一つの可能性は、下降段と上昇段を接続していたボルトの爆発である。これは、宇宙船の底部から金属の断片と他の破片が吹き飛ばされた原因であったかもしれない。

　もう一つの可能性は、ロケットが唯一の推進手段であることを大衆に納得させるために、最初だけ少量のロケット燃料が燃やされたことである。筆者は、その離陸時の連続した場面を写した8ミリフィルムを入手した。そして気づいたことは、最初の噴射は、ロケットのノズルから出た赤い炎の柱に見えるが、上昇段が下降段から分離された後、それがすぐに止まったことである。

　口絵写真25は、アポロ17号の月面離陸直後に撮影された。そのロケット・ノズルから出る排出ガスの目に見える流れがないことは、明らかである。

　これらのNASAの写真を信用しようとする人々は、おそらく、排出ガスは真空中では目に見えないのだと主張するだろう。しかし、化学ロケットは、大量の酸化物を華氏数千度で排出する。これらの生成物とガスは、ロケット・ノズルの下に何フィートも伸びる排出ガス流の中で強烈な光を放つ。

　ガスと酸化物は、ノズルから離れると分散し始める。光の量は、

第10章　宇宙計画の未来像

しばしばその周囲を照らすほど大きく、光の最大強度は、その排出ガス流自体にある。

　排出ガスと他の酸化物は、それ自体の放射エネルギー、あるいは光を供給するので、真空は、排出ガス流からの光を除去する効果をほとんど持たないだろう。

　いずれにせよ、（前の節で説明したような）分離時の最初の噴射、あるいは燃焼は、これらの酸化物が上昇の続く間、目で見ることができるという証拠を提供している。

　おそらく、読者は、アポロ11号ミッション以前の新聞や他の印刷物による、芸術的な月面離陸の描写を思い出されるだろう。そこには、ロケット・ノズルからの、極めて明らかな排出ガス流が常に描かれていた。

　要約すると、アポロ16号および17号の写真と記録映画は、月から脱出するためにロケットが使用されなかった、という証拠を提供している。

別の動力源を使用した可能性————

　月着陸船の空気力学的問題が議論されていないが、月着陸船は、明らかに空気力学的な失敗作だった。月の真空状態の中では、これが懸念材料ではなかったことをNASAは強調した。

　しかし、月には濃い大気がある、という証拠が与えられているので、月着陸船が高速に達した場合、それは空気力学的に不安定になっただろう。これは、その速度をある臨界速度以下に抑えねばならなかったことを意味する。

　ロケットを使うことは、全く実用的ではない。なぜなら、その速

度を低く抑えようとすると、燃料要求量が桁外れに大きくなってしまうからである。

また、下降と上昇の間、宇宙飛行士たちが立っていたということも重要である。おそらく、彼らは、天井に取り付けられた拘束ベルトによって固定されていた。

この種の対策を取っても、かなりの加減速は、宇宙飛行士には耐えられなかっただろう。

また、加速度と速度が低く抑えられることは、ロケット燃料の効率的な使用にとって最悪の状態を生み出すことになる。NASA は、宇宙飛行士を月に着陸させて、そこから帰還させるために、いったいどんな方法を使ったのか。

巨大なサターン・ロケットは、疑いなく、月の強い重力が発見される前に立案された。

ウエルナー・フォン・ブラウンは、NASA が創設される前に、そのようなロケットを長年思い描いていた。化学ロケットを使って月着陸船を月へ送り込むには、少なくともこのロケットの 7 倍大きいロケットが要求されただろう。

反重力装置が開発された後、サターン・ロケットは不要になったかもしれない。しかし、大企業の利益と軍部が、ロケットによる宇宙計画に深く関わっていた。もしそのプロジェクトが続いていたなら、軍はその新発見の秘密を守り続けただろうし、数十億ドルのお金が大企業によって生み出され、秘密の軍事研究プロジェクトに費やされることになっただろう。宇宙飛行士が宇宙に送り込まれると、最新の反重力装置が密かに使用されたかもしれないが、大衆は、それについて何も知らされなかったのだろう。

第10章　宇宙計画の未来像

回収した墜落ＵＦＯからのテクノロジー────

　軍は、高額な防衛予算の動機を与えたり、あるいはその予算自体を要求する。いっぽうで、大企業はその防衛支出から利益を得ることになる。

　合衆国政府は、これらの集団のための傀儡に過ぎないのかもしれない。反重力のエネルギー装置が、エネルギー危機を一夜にして消滅させることを考慮するなら、この構図は明白であろう。現実に、エネルギー危機は、世界のエネルギー・カルテルの利益のために維持されている。

　人間をロケットだけで月に着陸させることは実現不可能であるとNASAが気付いたとき、資金は疑いなく重力研究とその関連プロジェクトに向けられたであろう。おそらく、軍は1950年代初めにそれを利用していた。そして、彼らは1950年代中頃までにこれらの装置のいくつかを完成させたかもしれない。さらに、1960年以前に、重力誘導波を発生させる装置が開発されたかもしれない。あるいは米軍が、アポロ11号よりもずっと前に人間を月に着陸させたということもあり得るのだ。

　アポロ宇宙船の操縦と制御において、NASAは必ずしもその新しい浮揚装置に完全に頼ったわけではない。その装置は、制動、軟着陸、そして上昇用の主たる推進手段としてのみ使用されたことが考えられる。それでも、姿勢制御は小さなスラスターによって行われただろう（訳注　スラスター：宇宙船の小型ロケットエンジン。姿勢制御や横方向の動きに使用される）。新しい反重力装置の使用

を最小限に抑えることによって、秘密を維持することがかなり容易になるだろう。

おそらく、NASAと空軍は、反重力装置の彼ら自身による開発と使用のために、UFOに関して沈黙を続けているのだろう。1950年代の初め、空軍がUFOの研究に多くの時間と労力を費やしたことはよく知られている。彼らがその過程でUFOについて多くを学ばなかったと考えることは愚かであろう。

UFOに関する彼らの完全な沈黙の方針は、大衆から隠すべき何かがある、ということを示している。筆者は、Charles Berlitz と William L. Moore による *The Roswell Incident* を強く推薦する。この本は、1947年、ニューメキシコ州ロズウェルに墜落したUFOに対する政府の隠蔽を、証拠書類によって完全に立証している。1950年代および1960年代に目撃されたUFOの多くが米空軍によって所有されたことは、十分にあり得るのだ。

ロケットだけでは月に離着陸できない────

ソ連の宇宙開発競争における役割は、控えめに言っても、非常にミステリアスである。ソ連が月への一番乗りで米国を打ち負かす寸前だったとき、彼らはそのレースから手を引いた。

それとも、彼らは月へ行ったのか？

ソ連は、米国よりも先に月探査機を軟着陸させた。これは、反重力が使用されたか、あるいは月の大気がその探査機の速度を落とすために利用されたことを意味している。もし月の大気が利用されたのなら、地球大気への突入用に宇宙カプセルに使用されたものと同じ融除性耐熱シールドが使用されたはずである。

第10章　宇宙計画の未来像

　1970年9月20日、ソ連はルナ16号を月の"豊かの海"に軟着陸させ、ふたたび遠隔制御によって土壌サンプルを地球に持ち帰った。
　この成果は、アポロの月着陸と比べて取るに足らないとみなされた。しかし、その装置はおそらく、月の強い重力の中で反重力推進システムを必要としただろう。米国の探査機サーベイヤーは、月の強い重力の中で軟着陸できるだけの燃料を積んでいなかった。だから、1960年代中頃に始まる月探査では、米国とソ連の両国によって反重力が利用された可能性がある。

　ソ連は、極秘に人間を月に着陸させ、そして帰還させるために、反重力装置を使ったかもしれない。彼らは、1959年に、月が強い表面重力を持っていることに気付いた後、ロケットだけで月旅行を成功させることは不可能であることを知った。
　彼らはその後、世界に向けての月旅行ショーを米国に譲りながらも、彼らの関心を反重力に集中させた。限られたロケット宇宙探査計画を維持し続けることによって、彼らの反重力を利用した宇宙探査が維持されたのだろう。

　"Russians Press to Dominate Space Again（再び宇宙を支配するソ連の報道）"と題された記事が、1979年9月30日付の新聞 *Oregonian* に掲載された。[1] この記事のライターは、アポロ10号の元宇宙飛行士、Thomas P. Stafford 中将によって米国議会に伝えられたメッセージを引用した。
　当時、Stafford は空軍の研究開発部門の副参謀長だった。彼はソ連が月旅行レースの挫折から立ち直り、その活動を国力のしるしとして積極的に推進していると考えていた。彼らはおそらく、宇宙ステーション、スペース・コロニー、軌道を回る宇宙工場、そして他

の惑星へ人間を送り込むことを目指して努力していたのだろう。

1980年10月11日、ソ連の二人の宇宙飛行士たちは、サリュート6号宇宙ステーションによって、6ヵ月を超える宇宙滞在記録を達成した後、地球に帰還した。

上記の引用記事によれば、Staffordは、ソ連が宇宙空間で有人による軍事力を拡大していると考えていた。同じ記事の中で、Charles S. Sheldon（2世）博士も、ソ連が全く新しい宇宙フェリーを使用し始めていることを指摘した（訳注　宇宙フェリー：宇宙飛行士を惑星や宇宙基地へ輸送するフェリー）。そしてさらに、ソ連による大規模な宇宙ステーションの建設や惑星間遠征軍の創設を予想した。しかし、Sheldonは、ソ連が他の惑星を探査するために使用しているであろう推進装置については説明しなかった。

どの国にとっても、従来のロケットを使って大きな重力を持つ惑星に宇宙飛行士を着陸させることは、経済的に不可能である。したがって、もしSheldonの主張が真実であるなら、ソ連もまた反重力装置を所有している可能性が高い。

読者は、最新の軍事技術が、公表された軍事力よりも常に進んでいることに気づかれているに違いない。ソ連は、浮揚装置の開発や惑星探査の分野で米国ほど進歩してはいないだろう。おそらく、米国の有人宇宙探査は、アポロのミッション以後も停止しなかったはずである。ソ連が、サリュート6号宇宙ステーションを隠れ蓑として宇宙飛行士を月や他の惑星へ送り込んでいるということも考えられないことではない。

もしそうなら、米国は何をしているのだろうか。スペース・シャトル計画は、軍の宇宙活動のためのオトリなのだろうか。

第 10 章　宇宙計画の未来像

　NASA の隠蔽の結果として、NASA と正統派の科学者によって発表された他の惑星に関する新発見は、全て疑いを持って見られるようになった。月が強い重力を持っているという事実は、惑星の重力や大気についての従来の考えだけでなく、他の宇宙科学の考え方にも抜本的な修正を迫っている。

　上記の考察と多くの証拠は、太陽系の多数の惑星と衛星に、我々よりも優れた技術を持つ知的な人々が住んでいる可能性を示唆している。もしそれが事実なら、宇宙空間での米国やソ連の活動は、これらの人々によって制約され、ある領域に制限されるかもしれない。宇宙の軍事利用が、いずれ我々を自滅に導く可能性がある以上、それらの人々が圧倒的な抑止力を維持することが期待される。

　エネルギーに関する重大な発見には、ひどい抑圧が起きている。NASA の隠蔽は、単にその一部である。抑圧の理由については簡単に触れたが、その新発見の影響に人々は驚くだろう。合衆国政府がそれらの発見を公式に発表した場合、何が起きるかを考えていただきたい。重力の性質と、それを制御する安価な方法が一般に知れ渡れば、輸送機関に大変革をもたらすことになる。ほとんど無限のエネルギーを手に入れた新世界は、その混迷の状態を抜け出すかもしれないのである。

訳者あとがき

　アポロ11号が月面に着陸したとき、私は10歳の科学少年だった。なぜか7号から始まったアポロ計画（1号は事故、2号から6号までは無人）は、ミッションごとに一歩一歩、月面着陸に近づいていった。その着実な歩みは、感動的ですらあった。

　当時、月には理論的にも、また無人探査機によっても大気が存在しないと言われていた。そして、11号の有人月面着陸によって、その最終決着がつけられることになっていた。私は、それに一縷の望みをかけていた。

　しかし、私は大きな失望を味わうことになった（それまでNASAを全く疑っていなかった）。NASAは、月には水も空気も存在しないと発表したのである。もともと宇宙旅行は米ソのエリート軍人のものであったが、それがさらに遠のいた感じがした。

　その後、アポロ計画は、13号のトラブルを除いて世間の注目を浴びることはなかった。私の関心も、天文学や宇宙旅行から離れて、生物学、特に生態学へと向かっていった。

　アポロ計画最後の17号が地球に戻ってから4年後、1976年7月にバイキング1号が火星に着陸し、映像を地球に送り返した。そのカラー写真は、テレビを通じて公開され、大きな反響を巻き起こした。火星の空は青く、地球の岩石砂漠と何ら見分けがつかなかった。NASA Ames研究所のJames Pollack博士は、火星の空が予想よりも100倍明るいと語った（讀賣新聞、昭和51年7月21日付夕刊）。

　しかし翌日になると、NASAはピンク色をした空のかすんだ写真を発表した。ジェット推進研究所の職員がミスをしたという言い訳だった。

この事件は、NASA が専門家を含めた周囲の反響に驚いて、慌てて写真を修正したという印象を与えた。私が NASA に対してはっきりとした疑いを抱いたのは、このときである。

　その後、90年代に入って思いがけない写真が現れた。それは、ハッブル宇宙望遠鏡が火星を写した写真である。1995年2月の火星の写真（PIA01253）には、地球と同様に青く光る大気の層がはっきりと見られる。これは、バイキング1号の最初の写真と一致する。その違いは、火星の大気を下から見るか、上から見るかだけの違いである。

　一般に、月や惑星探査の情報に関して、そのニュースの第一報といわれるものは意外なほど地球環境と類似した情報が多い。月に初めて到達したロケットはソ連のルナ2号だが、このとき地球と月の間に、電離層に似たイオン化ガス帯が発見されている（朝日新聞、昭和34年9月21日付夕刊）。

　これに関して、当時の東京天文台古畑正秋教授は、「月にも、広い意味での大気があることを示している…」と述べた。

　アポロの場合、最初に月に向かったのは8号（着陸はなく、周回のみ）である。アポロ8号が地球から8万キロ離れたところで、宇宙飛行士のジム・ラベル Jr. は、「…月の周りに広がる宇宙は、地球で昼間の空を見るのと同じようなライト・ブルーである」と報告してきた（毎日新聞、昭和43年12月23日付朝刊）。ただし、この発言は、直後にヒューストン発の AP 電を通じて曖昧な形で否定されている。

　宇宙開発に関するニュースは、一般的なニュースとは異なり、記者が現地へ行って取材をすることができないから、報道機関は、当局の発表をそのまま伝えるだけである。そして、いわゆる第一報

訳者あとがき

に真実味のあるニュースが多いのは、その組織の上層部が、今後の情報公開の方針を決定する以前に発表せざるを得ないためと考えられる。そのような状況は、初の金星探査となったマリナー2号の報道（朝日新聞、昭和37年12月29日付朝刊3面、及び同年12月15日付夕刊1面、昭和38年1月9日付夕刊2面、同年2月22日付朝刊14面、同年2月27日付夕刊6面）にも読み取ることができる。

　本書の存在は、これまで一部の研究家を除いてはあまり知られていなかった。日本語版の出版は、監修者である韮澤潤一郎氏の熱意と誠実さの賜物であり、出版化を諦めていた訳者にとっては嬉しい驚きとなった。誠実な対応をしていただいた韮澤氏に、あらためて謝意を表したい。

〈付録A〉

ニュートンの万有引力の法則を使用した月から平衡点までの距離の誘導

平衡点では地球の引力と月の引力は等しいので、一般化された式が引き出される。次のパラメーターが使用される。

M = 平衡点にある物体の質量（Mass）
Me = 地球（earth）の質量
Mm = 月（moon）の質量
X = 地球の中心から平衡点までの距離
Y = 月の中心から平衡点までの距離
Re = 地球の半径（Radius）= 3,960マイル
Rm = 月の半径 = 1,080マイル
G = 万有引力定数（Gravitational constant）
Fe = 地球の引力（Force of attraction）
Fm = 月の引力
T = 地球の中心と、月の中心との間の距離（Total distance）

平衡点にある物体に対する地球の重力と、月の重力は、ニュートンの万有引力の法則を使って、以下のようになる。

$$Fe = \frac{GMeM}{X^2}、Fm = \frac{GMmM}{Y^2}$$

平衡点なので Fe = Fm、また Mm = Me/81.56 なので、

$$\frac{GM_eM}{X^2} = \frac{GM_eM}{81.56Y^2}$$

X + Y = T なので、X = T − Y。X の代わりにこの式を用いる。

$$\frac{GM_eM}{(T-Y)^2} = \frac{GM_eM}{81.56Y^2}$$

分子を約分すると、以下のようになる。

$$\frac{1}{(T-Y)^2} = \frac{1}{81.56Y^2}$$

$$81.56Y^2 = (T-Y)^2$$

$$9.031Y = T - Y$$

$$Y = \frac{T}{10.031}$$

これが地球の中心から月の中心までの距離 T の関数としての、平衡点から月の中心までの距離 Y を求める一般式である。

地球(中心)と月(中心)の間の距離は、221,463マイルから252,710マイルの間で変化し、その平均距離は238,885マイルである。T = 221,463；238,885；252,710(マイル)に対応する月の中心から平衡点までの距離は、Y を求める一般式から計算すると、22,078；23,815；25,193(マイル)である。

〈付録B〉

平衡点距離43,495マイルに基づいた
月面における重力の誘導

以下のパラメーターが使用される。

Re = 地球の半径 = 3,960マイル

Rm = 月の半径 = 1,080マイル

X = 地球の中心から平衡点までの距離 = 200,000マイル

Y = 月の中心から平衡点までの距離 = 43,495マイル

Ge = 地球の表面における重力加速度

Gm = 月の表面における重力加速度

平衡点では、地球の引力と月の引力が等しいので、逆二乗の法則によって次の等式が導かれる。

$$Ge\left(\frac{Re^2}{X^2}\right) = Gm\left(\frac{Rm^2}{Y^2}\right)$$

$$\frac{Gm}{Ge} = \frac{Re^2 Y^2}{Rm^2 X^2}$$

$$= \frac{(3,960)^2 (43,495)^2}{(1,080)^2 (200,000)^2}$$

$$= 0.64$$

したがって、Gm = 0.64Ge

〈付録C〉

**平衡点（Y = 43,495マイル）において
2,200 [miles/hour] で飛行する宇宙船によって
月に到達した場合の最終速度の誘導**

その最終速度は、運動エネルギーと位置エネルギーの保存則に基づいた式を導くことによって決定される。基本的に、月における宇宙船の運動エネルギーは、平衡点での運動エネルギーに月の引力から得られたエネルギーを加え、地球の引力によるエネルギー損失を差し引いたものに等しい。その等式は、

$$KEm = KEn + Pm - Pe$$

となる。ここで、

　KEm = 月における運動エネルギー

　KEn = 平衡点における運動エネルギー

　Pm = 月の引力から得られるエネルギー

　Pe = 地球の引力によって失われるエネルギー

各エネルギー項は、以下のように示される。

　$KEm = 1/2 MVm^2$

　$KEn = 1/2 MVn^2$

$$Pm = \int_{1,080}^{43,495} MGm\left(\frac{Rm}{x}\right)^2 dx = MGmRm^2(.0009029)$$

$$\int^{242,415}$$

$$\text{Pe} = \int_{200,000} \text{MGe}\left(\frac{\text{Re}}{\text{x}}\right)^2 dx = \text{MGeRe}^2(.000000870)$$

M = 宇宙船の質量

Ge = 地球の表面における重力加速度 = 79,036 [miles/h^2]

Gm = 月の表面における重力加速度

= 0.64Ge = 50,583 [miles/h^2]

Re = 地球の半径 = 3,960マイル

Rm = 月の半径 = 1,080マイル

X = 地球、あるいは月からの距離 [miles]

Vm = 月に到達した時の速度 [miles/h]

Vn = 平衡点での速度 = 2,200 [miles/h]

各エネルギー項を一般式に代入すると、

1/2MVm^2

= 1/2MVn^2 + MGmRm^2(.0009029) − MGeRe^2(.000000870)

共通因数 1/2M を約すと、

Vm^2 = Vn^2 + 2GmRm^2(.0009029) − 2GeRe^2(.000000870)

既知のパラメーターを代入すると、

Vm^2 = (2,200)^2 + 2(50,583)(1,080)^2(.0009029)

− 2(79,036)(3,960)^2(.000000870)

最終的に、

Vm = 10,451 [miles/hour]

〈付録D〉

地球の表面重力の64％に等しい月表面重力に基づいた
通信途絶時間の誘導

円軌道を回る物体について、その遠心力はその重力と等しい。したがって、高度70マイルでは、

$$\frac{V^2}{R} = Gm \frac{Rm^2}{(Rm+70)^2} = Gm \frac{(1{,}080)^2}{(1{,}150)^2}$$

半径Rは1,150マイルなので、周回速度Vは、月の表面重力が既知であるなら、確定する。月の表面重力が地球の64％であるとすれば、$Gm = 50{,}583$ [miles/h²]。これらの値を代入して、

$$V^2 = (50{,}583)\frac{(1{,}080)^2}{1{,}150}$$

$$V = 7{,}163 \text{ [miles/h]}$$

高度70マイルでは、宇宙船はその軌道の39％の区間、通信が不可能になる。これは、その宇宙船が地球から見える水平線の向こう側を飛行したとしても、それが地球から見える月面の十分に高い位置を飛行するためである。宇宙船は地球から見える軌道の中間地点を過ぎて、$\arccos \frac{1{,}080}{1{,}150}$ の角度を通過後、月の背後に隠れる。$\arccos \frac{1{,}080}{1{,}150}$ は約20度に等しい。したがって、その軌道の $(180° - 2(20°)) = 140°$ の間、その通信は途絶する。通信途絶区間の軌道全体に対する割合は、$\frac{140°}{360°} = 0.389$ である。時速7,163マイルで軌道を一周するに

は、周期 $T = \dfrac{2\pi(1,150)}{7,163} = 1.01$ [hours]、約60分を必要とする。したがって、その通信途絶時間は約24分間続くはずである。

〈付録 E〉

月の強い重力を前提とした
月着陸船の燃料要求量の誘導

　宇宙船にブレーキをかけるために、あるいは宇宙船を軌道に乗せるために必要な化学エネルギーは、重力、排気速度、燃焼時間、周回速度、そして宇宙船のペイロードに依存する。基本的に、宇宙船はある高さまで上げられて、ある一定の周回速度を与えられる必要がある。ここで取り上げる計算は、宇宙船の上昇段階を対象にしている。降下段階の燃料要求量は、上昇段階に対して計算されたペイロード比に基づくはずである。1ポンドのペイロードを軌道に投入するために、あるいは同量のペイロードを軟着陸させるために、ほぼ同じ量のエネルギーが消費されるので、二つのペイロード比はほとんど同じ値である。

* 　ペイロード：ビークル（ロケットなどの輸送機関）の打ち上げ対象となる人工衛星、探査機のこと。あるいはそれらの質量を表す。
* 　ペイロード比：ビークル全重量に対するペイロードの比。ビークルの性能評価の指数として使われる。

　一定量の燃料を積んだ垂直のロケットは、ある高度で燃料を使い切り、その後その運動エネルギーが引力によってゼロになるまで上昇を続ける。宇宙船を月面から月の周回軌道に乗せるには、それをある高さまで上昇させて水平方向の速度を与えなくてはいけない。

月の重力が地球の重力に等しい場合、月の上空9.5マイルにある宇宙船の周回速度は以下のようになる。

$$M \frac{V^2}{R} = MGe\left(\frac{Rm}{R}\right)^2 = 79{,}036M\left(\frac{1{,}080}{R}\right)^2$$

$$V^2 = 79{,}036 \frac{(1{,}080)^2}{(1{,}089.5)}$$

$$V = 9{,}197 \text{ [miles/hour]}$$

月の重力が地球の重力の64%である場合、高度9.5マイルを周回する宇宙船の速度は次のようになる。

$$M \frac{V^2}{R} = MGm\left(\frac{Rm}{R}\right)^2 = 50{,}583M\left(\frac{1{,}080}{R}\right)^2$$

$$V^2 = 50{,}583 \frac{(1{,}080)^2}{(1{,}089.5)}$$

$$V = 7{,}359 \text{ [miles/hour]}$$

エンジン停止後に垂直上昇したロケットが到達する最大高度は、次の式で与えられる。

$$H_{max} = \frac{U^2(\ln R)^2}{2G} - UT\left(\frac{R}{R-1}\ln R - 1\right)$$

ここで、

R = ロケットのペイロード比

U = 排気速度 = 6,312 [miles/hour]

T = ロケットの燃焼時間 = 0.121 時間

G = 月面における重力加速度

月着陸船の燃料は、混合比50対50のヒドラジンと非対称ジメチルヒドラジンが、酸化剤である四酸化二窒素と組み合わされて使用された。平均排気速度は9,258 [feet/second]、あるいは6,312 [miles/hour] であった。月表面の重力が、地球の重力の64%である場合、

月面での重力加速度の値は50,583 [miles/hour^2] である。上昇段階のロケットの燃焼時間は、NASA が公表した値、7分15秒であると思われる。これは時間に直すと0.121 [hours] である。

最大到達高度は以下のように計算される。必要とする運動エネルギーは、最大到達高度とエンジン停止時の高度の間の位置エネルギー差に等しい。

$$MGH_{max} = MGH_{burnout} + 1/2MU^2_{burnout}$$

ここで、

U$_{burnout}$ = エンジン停止（burnout）時のロケットの速度

M = ロケットの質量

H$_{burnout}$ = エンジン停止時の高度（Height）

共通因数（MG）を約すと、

$$H_{max} = H_{burnout} + \frac{U^2_{burnout}}{2G}$$

ここで、月の重力が地球の重力の64%である場合に、Hmax が導かれる。以下の値が使用される。

H$_{burnout}$ = 9.5マイル（NASA が公表した数値）

U$_{burnout}$ = 7,359 [miles/hour]

G = 50,583 [miles/hour^2]

これらの数値を代入すると、

$$\begin{aligned} H_{max} &= 9.5 + \frac{(7,359)^2}{2(50,583)} \\ &= 9.5 + 535.3 \\ &= 545 \text{ マイル} \end{aligned}$$

明らかに、月からの上昇段階はこの高さに届かない。それは、エネルギーが周回運動のエネルギーに費やされるからである。高度9.5マイルで、宇宙船はほとんど水平方向に時速7,359マイルで飛行

せねばならない。

Hmax = 545マイル、及び他の数値を最初の式に代入すると、

$$545 = \frac{(6,312)^2(\ln R)^2}{2(50,583)} - (6,312)(0.121)\left(\frac{R}{R-1}\ln R - 1\right)$$

ペイロード比Rを決定するために、単にこの方程式を解かねばならない。月の重力 = 0.64Geに対して、その結果はR = 7.2である。

月が地球と同じ重力を持っていると仮定すると、そのペイロード比を導く方程式は以下のとおりである。

$$\text{Hmax} = \text{Hburnout} + \frac{U^2 \text{burnout}}{2G}$$

$$= 9.5 + \frac{(9,197)^2}{2(79,036)}$$

$$= 9.5 + 535.1$$

$$\text{Hmax} = 545\text{マイル}$$

次に、

$$545 = \frac{(6,312)^2(\ln R)^2}{2(79,036)} - (6,312)(0.121)\left(\frac{R}{R-1}\ln R - 1\right)$$

月の重力が地球の重力に等しい場合、これを解くと、R = 18.2となる。降下するロケットに対しても同じペイロード比が適用される。

〈付録 F〉

1/6の重力環境における
月面車ローバーの走行性能の分析

舗装された車道のような面でのゴムタイヤの摩擦係数は、約0.6である。これは、もし車の車輪がロックされていれば、その車道で車輪を滑らせるために、車の全重量の60%に等しい水平方向の力が必要なことを意味する。月の表面は主にやわらかい砂ぼこりと岩である。したがって、ローバーの摩擦係数は、実際に経験する摩擦をそのまま評価すると、0.5であると考えられる。地上で1,540ポンドの荷重は、1/6の重力の下ではわずか257ポンドになる。これによって、257×0.5 = 128ポンドの摩擦力が生じ、その力は車を動かすために必要な水平方向の力となる。

その車が滑り始める前の最大曲率半径は、その遠心力が摩擦力と等しいとみなすことによって計算される。ローバーの最大速度10.2 [miles/hour]、あるいは15 [feet/sec]（1 mile = 5,280 feet）では、その等式は以下のようになる。

$$\frac{MV^2}{R} = 128 \text{ ポンドの力}$$

ここで、

　M = 車両の質量
　R = 車両の最大回転半径
　V = 車両の速度
　G = 地球の重力加速度 = 79,036 [miles/hour^2] = 32.2 [feet/sec^2]

$$M = \frac{W}{G} = \frac{1540}{32.2} = 47.826 ポンドの質量、及び$$

$V = 15$ [feet/sec] なので、

$$R = \frac{(47.8)(225)}{128} = 84 \text{ [feet]}$$

時速5マイル = 7.33 [feet/sec] では、

$$R = \frac{(47.8)(53,773)}{128} = 20 \text{ [feet]}$$

その制動力は128ポンドであり、そして慣性は重力とは無関係である。力は質量×加速度に等しいという関係から、

$$F = MA、\quad A = \frac{F}{M}$$

ローバーは以下の率でのみ、減速される。

$$A = \frac{128}{47.826} = 2.676 \text{ [feet/sec}^2\text{]}$$

速度は加速度×時間に等しいという関係から、ローバーを止めるためにかかる時間は、

$$T = \frac{15}{2.676} = 5.6 \text{ [sec]}$$

ローバーが停止するまでの距離（Distance）は、以下のとおりである。

$$\begin{aligned} D &= 1/2 AT^2 \\ &= 1/2 \, (2.676)(5.6)^2 \\ &= 42 \text{ [feet]} \end{aligned}$$

出 典

第1章

1. Eugene M. Emme 編集, *The History of Technology*, (デトロイト：Wayne State University Press, 1964年), p. 86.
2. Ralph E. Lapp, *Man and Space—The Next Decade*, (ニューヨーク：Harper & Brothers, 1964年), p. 44.

第2章

1. M. Vertregt, *Principles of Astronautics*, (ニューヨーク：Elsevier Publishing Company, 1965年), p. 135.
2. Franklyn M. Branley, *Exploration of the Moon*, (ニューヨーク州 Garden City：The Natural History Press, 1966年), p. 53.
3. *U.S. on the Moon*, (ワシントン：U.S. News & World Report, 1969年), p. 37.
4. Myrl H. Ahrendt, *The Mathematics of Space Exploration*, (ニューヨーク：Holt, Rinehart and Winston, Inc., 1965年), p. 55.
5. John A. Eisele, *Astrodynamics, Rockets, Satellites, and Space Travel*, (ワシントン：The National Book Company of America, 1967年), p. 350.
6. *Collier's Encyclopedia*, 1961年版, "Space Travel" の見出し語の下, p.544.
7. *Encyclopaedia Britannica*, 第14版, 1960年, "Interplanetary Exploration" の見出し語の下, p. 530c.

第3章

1. Martin Caidin, The Moon: *New World for Men*,（インディアナ州インディアナポリス：The Bobbs-Merrill Company, 1963年）, p. 111.

2. Ralph E. Lapp, Man and Space—*The Next Decade*,（ニューヨーク：Harper & Brothers, 1961年）, p. 51.

3. Wernher von Braun and Frederick I. Ordway III, *History of Rocketry & Space Travel*,（ニューヨーク：Thomas Y. Crowell Company, 1969年）, p. 191.

4. John Noble Wilford, *We Reach the Moon*,（ニューヨーク：W. W. Norton & Company, Inc., 1969年）, p. 95.

5. "The Moon—A Giant Leap For Mankind," *Time*, 1969年7月25日付, p. 14.

6. Braun and Ordway, *History of Rocketry & Space Travel*, p. 238.

7. *Encyclopaedia Britannica*, 第14版, 1973年, "Space Exploration" の項目, p. 1045.

8. Wilford, *We Reach the Moon*, p. 54.

9. Associated Press 社の執筆者、編集者および John Barbour, *Footprints on the Moon*,（The Associated Press, 1969年　）, p. 201.

第4章

1. Wernher von Braun, *Space Frontier*,（ニューヨーク：Holt, Rinehart, and Winston, Inc., 1971年）, p. 215.

2. *Encyclopaedia Britannica*, 第14版, 1973年, "Space Exploration" の項目, p. 1045.

3．John Noble Wilford, *We Reach the Moon*, (ニューヨーク：W. W. Norton & Company, Inc., 1969年), p. 122.
4．Richard Lewis, *The Voyages of Apollo*, (ニューヨーク：The New York Times Book Co., 1974年), p. 104.

第5章

1．James R. Berry, "How to Walk on the Moon," *Science Digest*, 1967年11月号, p. 8.
2．*U.S. on the Moon*, (ワシントン：U.S. News & World Report, 1969年), p. 54.
3．John Noble Wilford, *We Reach the Moon*, (ニューヨーク：W. W. Norton & Company, Inc., 1969年), pp. 298-305.
4．Richard Lewis, *The Voyages of Apollo*, (ニューヨーク：The New York Times Book Co.,1974年), p. 109.
5．同書, pp. 111-112.
6．"Intrepid on a Sun-drenched Sea of Storms," *Life*, 1969年12月12日付, p. 35.
7．Lloyd Mallan, *Suiting Up For Space*, (ニューヨーク：The John Day Company, 1971年), p. 239.
8．Alice J. Hall, "The Climb Up Cone Crater, "*National Geographic*, 1971年7月号, p. 148.
9．Lewis, *The Voyages of Apollo*, p. 187.
10．同書, p. 193.
11．同書, pp. 195-196.
12．同書, p. 212.
13．同書, p. 212.
14．Lawrence Maisak, *Survival on the Moon*, (ニューヨーク：

The Macmillan Company, 1966年), pp. 133-134.
15. Lewis, *The Voyages of Apollo*, p. 248.
16. 同書, p.257.
17. 同書, pp. 259-260.
18. 同書, p. 279.

第6章

1. *U.S. on the Moon*, (ワシントン：U.S. News & World Report, 1969年), pp. 51-55.
2. Franklyn M. Branley, *Exploration of the Moon*, (ニューヨーク州 Garden City：The Natural History Press, 1966年), p. 34.
3. Wernher von Braun, *Space frontier*, (ニューヨーク：Holt, Rinehart and Winston, Inc., 1971年), p. 156.

第7章

1. Richard Lewis, *The Voyages of Apollo*, (ニューヨーク：The New York Times Book Co., 1974年), p. 67.
2. 同書, p. 67.
3. 同書, p. 107.
4. 同書, p. 116.
5. 同書, p. 116.
6. "Apollo 12 On The Moon," *Life*, 1969年12月12日付.
7. Paul M. Sears, "How Dead Is The Moon?," *Natural History*, 1950年2月号, pp. 63-65.
8. V. A. Firsoff, *World of the Moon*, (ニューヨーク：Basic Books, 1960年), pp. 76-77.
9. 同書, p. 81.

10. 同書, p. 110.
11. Charles Fort, *New Lands*, (ニューヨーク：Ace Books, 1923年), p. 42.
12. Firsoff, *Strange World of the Moon*, p. 129.
13. Lewis, *The Voyages of Apollo*, p. 134.
14. Howard Benedict,"Moon'Eerie Sight',Apollo Chief Says," *Indianapolis News* 紙, 1969年7月19日付, p. 1.
15. 同書, p. 1.

第8章

1. David R. Scott,"What Is It Like to Walk on the Moon?," *National Geographic*, 1973年9月号, p. 327.
2. Richard Lewis, *The Voyages of Apollo*, (ニューヨーク：The New York Times Book Co.,1974年), p. 218.
3. 同書, p. 253.
4. William Gordon Allen, *Overlords, Olympians, and the UFO*, (カリフォルニア州 Mokelumne Hill：Health Research, 1974年), p. 110.
5. Lewis, *The Voyages of Apollo*, pp. 51-52.
6. 同書, pp. 54-56.
7. "Glazing the Moon," *Time*, 1969年10月3日号, pp. 72-74.
8. V. A. Firsoff, *Strange World of the Moon*, (ニューヨーク：Basic Books, 1960年), p. 62.
9. Don Wilson, *Secrets of Our Spaceship Moon*, (ニューヨーク：Dell Publishing Co., Inc.,1979年), p. 33.

第9章

1. V. A. Firsoff, Strange *World of the Moon*, (ニューヨーク：

Basic books, 1960年), p. 80.

2. Joseph F. Goodavage,"Did Our Astonauts Find Evidence of UFOs on the Moon?," *Saga*, 1974年4月, p. 48.

3. George Leonard, *Somebody Else Is on the Moon*, (ニューヨーク：Pocket Books, 1976年), p. 61.

4. Charles Fort, *The Book of the Damned*, (ニューヨーク：Ace Books, 1919年), pp. 259-260.

5. Don Wilson, *Secrets of Our Spaceship Moon*, (ニューヨーク：Dell Publishing Co., Inc.,1979年), p. 207.

6. Timothy Green Beckley and Harold Salkin, "Apollo 12's Mysterious Encounter with Flying Saucers," *Saga UFO Special Ⅲ*, 1972年, p. 58.

7. Edward U. Condon博士, *Scientific Study of Unidentified Flying Objects*, (ニューヨーク：Bantam Books, 1968年), p.194.

8. Don Wilson, *Our Mysterious Spaceship Moon*, (ニューヨーク：Dell Publishing Co., Inc.,1975年), p. 27.

9. Otto O. Binder,"Secret Messages From UFO's," *Saga UFO Special Ⅲ*, 1972年, p. 46.

10. Beckley and Salkin,"Apollo 12's Mysterious Encounter with Flying Saucers," *Saga UFO Special Ⅲ*, p. 60.

11. Condon, *Scientific Study of Unidentified Flying Objects*, p. 207.

12. Martin Caidin, *Rendezvous in Space*, (ニューヨーク：E. P. Dutton & Co., Inc., 1962年), p. 124.

13. Binder,"Secret Messages From UFO's," *Saga UFO Special Ⅲ*, p. 46.

14. 同書, p. 46.

15. 同書, p. 46.
16. John Noble Wilford, *We Reach the Moon*, (ニューヨーク：W. W. Norton & Company, Inc.,1969年), p. 219.
17. Wilson, *Secrets of Our Spaceship Moon*, p. 48.
18. Wilson, *Our Mysterious Spaceship Moon*, pp. 43-45.
19. Binder,"Secret Messages From UFO's," *Saga UFO Special Ⅲ*, p. 46.
20. 同書, p. 46.
21. Eric Faucher, Ellen Goodstein, and Henry Gris,"Alien UFOs Watched Our First Astronauts On Moon," *National Enquirer* 紙, 1979年9月11日付, p. 25.
22. Beckley and Salkin,"Apollo 12's Mysterious Encounter with Flying Saucers," *Saga UFO Special Ⅲ*, p. 8.
23. 同書, p. 58.
24. 同書, p. 58.
25. Richard Lewis, *The Voyages of Apollo*, (ニューヨーク：The New York Times Book Co.,1974年), p. 252.
26. Wilson, *Secrets of Our Spaceship Moon*, p. 216.

第10章

1. Howard Benedict,"Russians Press to Dominate Space Again," *Oregonian* 紙, 1979年9月30日付, p. A16.

☆著者紹介

ウィリアム・ブライアン

1972年にオレゴン州立大学原子力工学修士学位、'76年にポートランド州立大学経営学修士学位を取得。民間のエンジニアとして、宇宙科学研究で執筆編集活動をおこなった。

☆監修者紹介

韮澤　潤一郎（にらさわ　じゅんいちろう）

1945年新潟県生まれ。法政大学文学部卒業。科学哲学において量子力学と意識の問題を研究。現在、たま出版社長。小学生時代にUFOを目撃して以来、内外フィールド・ワークを伴った研究をもとに雑誌やテレビで活躍。1995年にUFO党から衆議院選挙に出馬。tamabook.comでコラムやニュースを発信中。

☆訳者紹介

正岡　等（まさおか　ひとし）

1981年に北見工業大学電気工学科を卒業。現在、千葉県内の環境プラントに勤務。ＵＦＯ問題は、'72年以来のライフワーク。

アポロ計画の秘密

2009年7月20日　初版第1刷発行

著　者　ウィリアム・ブライアン
監修者　韮澤 潤一郎
訳　者　正岡 等
発行者　韮澤 潤一郎
発行所　株式会社 たま出版
　　　　〒160-0004　東京都新宿区四谷4-28-20
　　　　　　　　☎ 03-5369-3051（代表）
　　　　　　　　FAX 03-5369-3052
　　　　　　　　http://tamabook.com
　　　　　　　　振替 00130-5-94804

印刷所　株式会社エーヴィスシステムズ

Ⓒ William L. Brian II 2009 Printed in Japan
ISBN978-4-8127-0287-1　C0044

たま出版の好評図書（価格は税別）
http://tamabook.com

■ 宇宙 ■

◎あなたの学んだ太陽系情報は間違っている　水島保男　767円
宇宙に関する情報はなぜ隠されるのか。隠された事実とその根本的な謎に迫る。

◎それでも月には誰かがいる　ドン・ウィルソン　806円
月は人工的に改造されていた――。科学者や宇宙飛行士の記録や証言から導き出される驚くべき結論。

◎ニラサワさん。　韮澤潤一郎研究会編　952円
"火星人の住民票"の真相から当局の隠蔽工作までを、初めて公開。

◎誰も知らない「本当の宇宙」　佐野雄二　1,429円
ホーキングのウソとアインシュタインの誤りを正す、最強・最新の宇宙論。

◎大統領に会った宇宙人　フランク・E・ストレンジス　971円
ホワイトハウスでアイゼンハワー大統領とニクソン副大統領は宇宙人と会見した。

◎私は金星に行った!!　S・ヴィシャヌエバ・エディナ　757円
宇宙船の内部、金星都市の様子など、著者が体験した前代未聞の宇宙人コンタクト。

◎ETに癒された人たち　バージニア・アーロンソン　1,600円
宇宙人が地球に来ている目的とは何か。アブダクションの真実に迫るノンフィクション。

◎UFOと陰の政府　コンノ・ケンイチ　1,262円
UFOの情報はすべてが真実なのか、代表的な遭遇事件を通して異星人との秘密協定の真意を探る。

◎空間からの物質化　ジョン・デビットソン　1,456円
聖者たちが起こす奇跡とは何か？　心と意識の本質に迫り、物質化現象を科学で紐解く。

◎ニコラ・テスラの地震兵器と超能力エネルギー　実藤遠　1,300円
石油、原子力なしの新エネルギーが科学を変革する。地震兵器の全貌に迫る。

◎第3の選択　レスリー・ワトキンズ他　1,600円
宇宙開発に隠された陰謀、UFO事件の裏にその断片が潜んでいる。真実を暴き出す衝撃のドキュメント。

たま出版の好評図書（価格は税別）
http://tamabook.com

■ 精神世界 ■

◎2013：シリウス革命　　半田　広宣　3,200円
西暦2013年、人間＝神の論理が明らかになる。ニューサイエンスの伝説的傑作。

◎2012年の黙示録　　なわ ふみひと　1,500円
数々の終末予言の検証を通して、地球と人類の「未来像」を明らかにする。

◎神の封印は解かれた　　ヤワウサ・カナ　1,200円
神示によって明かされる、来たるべき世界改造のシナリオ。

◎フォトンベルト 地球第七周期の終わり　　福元ヨリ子　1,300円
来たるべきフォトンベルトを生き抜くために、「宇宙の真理」を知らねばならない。人類はこれからどうあるべきか、その核心を説く。

◎新版 言霊ホツマ　　鳥居　礼　3,800円
真の日本伝統を伝える古文献をもとに、日本文化の特質を明確に解き明かす。

◎数霊（かずたま）　　深田剛史　2,300円
数字の持つ神秘な世界を堪能できる、数霊解説本の決定版。

◎未来からの警告　　マリオ・エンジオ　1,500円
近未来の事件を予知する驚異の予言者、ジュセリーノの予言を詳細に解説。期日と場所を特定した予知文書を公開。

◎魂の究極の旅　　建部ロザック　1,500円
いかなる宗教・宗派も介さずに「至高の存在」と直接接触を果たすまでの、魂の軌跡を描いた名作。

◎スウェーデンボルグの霊界日記　　エマヌエル・スウェーデンボルグ　1,359円
偉大な科学者が見た死後の世界を詳細に描いた、世界のベストセラー。

◎高次元が導くアセンションへの道　　世古雄紀編　1,429円
高次元のゆがみ、ひずみを正して、カルマや霊障を解消し、病気や悩み、苦しみから解放される。気功治療の真髄を知るための一冊。

◎貧の達人　　東　峰夫　1,500円
『オキナワの少年』の芥川賞作家が33年ぶりに書き下ろした、独自の精神世界。

たま出版の好評図書（価格は税別）
http://tamabook.com

■ エドガー・ケイシー・シリーズ ■

◎転生の秘密〔新版〕　ジナ・サーミナラ　1,800円
エドガー・ケイシーの原点がわかる、超ロングセラー＆ベストセラー。

◎夢予知の秘密　エルセ・セクリスト　1,500円
ケイシーに師事した夢カウンセラーが分析した、示唆深い夢の実用書。

◎超能力の秘密　ジナ・サーミナラ　1,600円
超心理学者が"ケイシー・リーディング"に「超能力」の観点から光を当てた異色作。

◎神の探求＜Ⅰ＞＜Ⅱ＞　エドガー・ケイシー〔口述〕　各巻2,000円
エドガー・ケイシー自ら「最大の業績」と自賛した幻の名著。

◎ザ・エドガー・ケイシー〜超人ケイシーの秘密〜　ジェス・スターン　1,800円
エドガー・ケイシーの生涯の業績を完全収録した、ケイシー・リーディングの全て。

◎エドガー・ケイシーのキリストの秘密〔新装版〕　リチャード・ヘンリー・ドラモンド　1,500円
リーディングによるキリストの行動を詳細に透視した、驚異のレポート。

◎エドガー・ケイシーに学ぶ幸せの法則　マーク・サーストン他　1,600円
エドガー・ケイシーが贈る、幸福になるための24のアドバイス。

◎エドガー・ケイシーの人生を変える健康法〔新版〕　福田 高規　1,500円
ケイシーの"フィジカル・リーディング"による実践的健康法。

◎エドガー・ケイシーの癒しのオイルテラピー　W・A・マクギャリー　1,600円
「癒しのオイル」ヒマシ油を使ったケイシー療法を科学的に解説。基本的な使用法と応用を掲載。

◎エドガー・ケイシーの人を癒す健康法　福田 高規　1,600円
心と身体を根本から癒し、ホリスティックに人生を変える本。

◎エドガー・ケイシーの前世透視　W・H・チャーチ　1,500円
偉大なる魂を持つケイシー自身の輪廻転生を述べた貴重な一冊。

たま出版の好評図書（価格は税別）
http://tamabook.com

■ ヒーリング・癒し ■

◎実践 ヨーガ大全　スワミ・ヨーゲシヴァラナンダ　2,800円
ハタ・ヨーガの326ポーズすべてを写真付きで解説したベストセラー本。

◎癒しの手　望月俊孝　1,400円
2日で身につくハンド・ヒーリング「レイキ」の方法を紹介。

◎超カンタン癒しの手　望月俊孝　1,400円
ベストセラー『癒しの手』を、マンガでさらにわかりやすく紹介。

◎波動干渉と波動共鳴　安田 隆　1,500円
セラピスト必携の"バイブル"となった名著。作家・よしもとばなな氏も絶賛。

◎新版・癒しの風　長谷マリ　1,300円
日本ではタブーとされてきたマントラ（シンボル）を初めて公開。

◎秘伝公開！神社仏閣開運法　山田雅晴　1,300円
状況・目的別に、神様、仏様、ご先祖様の力を借りて開運するテクニックを全公開。

◎決定版 神社開運法　山田雅晴　1,500円
最新・最強の開運法を、用途・願望別に集大成した決定版。

◎一瞬で変わる招福開運法　浅岡小百合　1,200円
人生のいたるところで起きる悩みや苦しみを一気に解決。すぐに実践できる開運法。

◎驚異のオーラビジョンカメラ　佐々木美智代　1,300円
オーラ写真の読み取り方から、それぞれの色の持つ意味まで、そのすべてを公開。これ一冊でオーラのすべてがわかる。

◎幸せをつかむ「気」の活かし方　村山幸徳　1,500円
全国で広く「気」について講演をする著者が書き下ろした、「気」活用人生論。

◎家庭に笑い声が聞こえますか　志々目真理子　1,300円
8,000件に及ぶ相談内容から選んだ、50のケーススタディ。

たま出版の好評図書（価格は税別）
http://tamabook.com

■ 健康法 ■

◎少食が健康の原点　　甲田　光雄　1,400円
総合エコロジー医療から"腹六分目"の奇跡をあなたに。サンプラザ中野氏も絶賛。

◎究極の癌治療　　横内　正典　1,300円
現役の外科医による、現代医学が認めない究極の治療法を提唱した話題作。

◎病気を治すには　　野島政男　1,400円
シリーズ10万部突破の著者による、記念碑的デビュー作。

◎エドガー・ケイシーの人類を救う治療法　　福田高規　1,600円
いかに健康になるか。エドガー・ケイシーの実践的治療法の決定版。

◎ぷるぷる健康法　　張　永祥　1,400円
お金のかからない手軽な健康法。人気ブログで話題沸騰。

◎超「意識活用」健康法　　福田　高規　1,500円
ケイシー療法の大家が長年にわたって実践している、安全で、安価で、効果的な健康法。

◎気療で健康増進　　神沢瑞至　1,400円
気の力を用いた独自の健康法「気療」を、わかりやすく読者に伝授。

◎整形外科医が実践した新・常識ダイエット　　大成克弘　1,400円
整形外科医が自ら実践した、リバウンドしないダイエットの王道。

◎新版・地球と人類を救うマクロビオティック　　久司道夫　1,500円
世界中で高い評価を受けている、クシ・マクロビオティックのすべて。

◎プラセンタ療法と統合医療　　吉田健太郎　1,429円
医療の第一線に立つ著者が、いま話題のプラセンタ療法を徹底解説。

◎正しい整体師の選び方　　森　康真　1,300円
本物の整体を選ぶときに不可欠な知識を網羅した、整体法解説本の決定版。